AF329691

LE
BIEN-ÊTRE

DE

L'HABITANT DE LA CAMPAGNE

AUGMENTÉ

PAR LA CULTURE DE SON JARDIN,

PAR P. HENRY,

Ancien Professeur d'horticulture, membre de l'Académie nationale
agricole de Paris, employé au service de MM. de Quinsonas.

Si l'expérience vaut de l'or, elle se fait souvent
bien payer ce qu'elle vaut ; aussi serait-ce une
grande folie de ne pas profiter de celle d'autrui
qu'on peut avoir gratis.

LAURENT DE JUSSIEU.

BOURGOIN

IMPRIMERIE ET LIBRAIRIE CH. VAUVILLEZ.

1852.

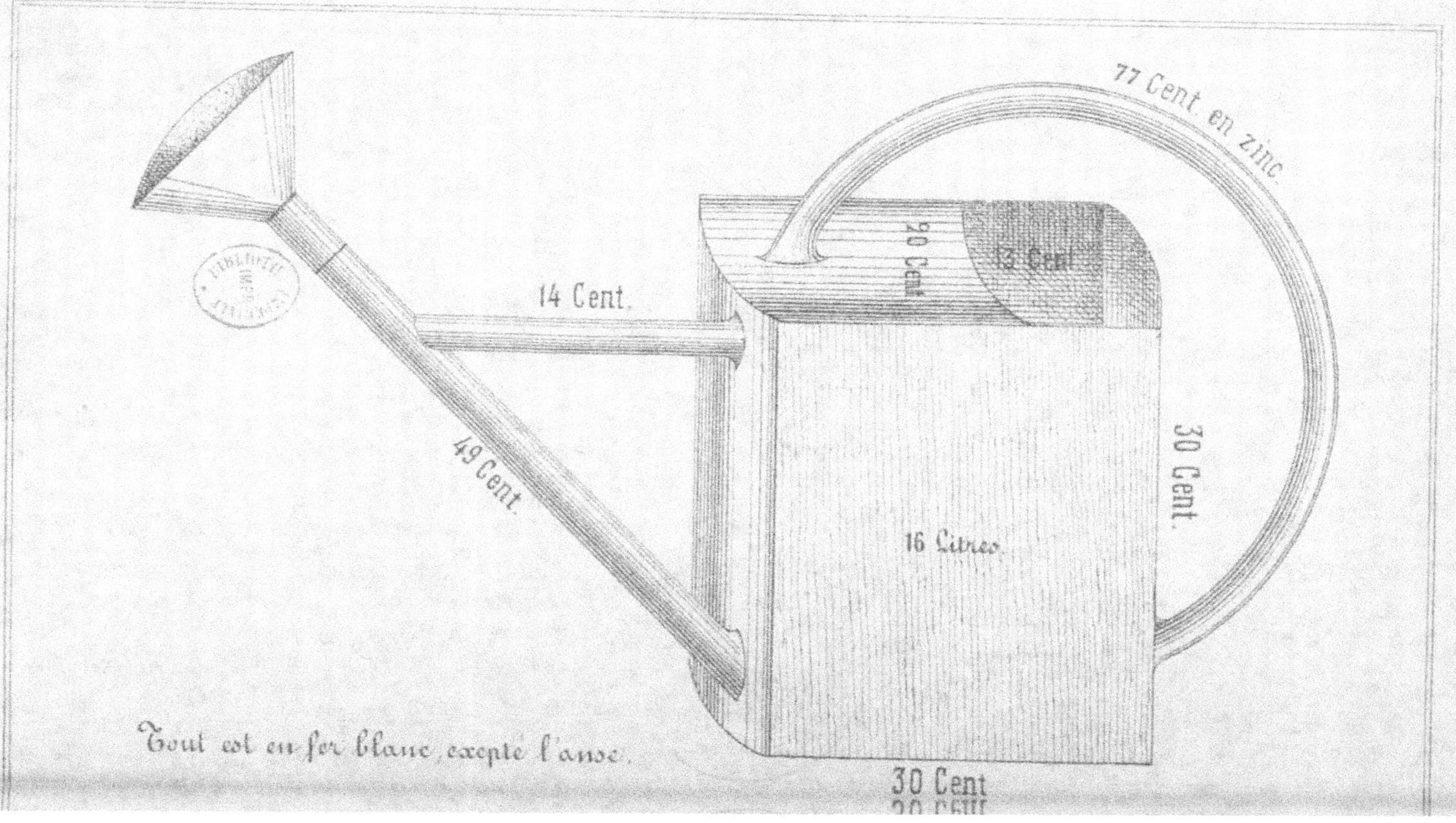
77 Cent. en zinc.
14 Cent.
20 Cent
13 Cent
30 Cent.
49 Cent.
16 Litres
Tout est en fer blanc, excepté l'anse.
30 Cent

LE
BIEN-ÊTRE

DE

L'HABITANT DE LA CAMPAGNE

AUGMENTÉ

PAR LA CULTURE DE SON JARDIN.

PAR P. HENRY,

Ancien Professeur d'horticulture, membre de l'Académie nationale agricole de Paris, employé au service de MM. de Quinsonas.

Si l'expérience vaut de l'or, elle se fait souvent
bien payer ce qu'elle vaut ; aussi serait-ce une
grande folie de ne pas profiter de celle d'autrui
qu'on peut avoir gratis.

LAURENT DE JUSSIEU.

BOURGOIN

IMPRIMERIE ET LIBRAIRIE CH. VAUVILLEZ.

1852.

PRÉFACE.

M. de Dombasle a déjà prouvé aux Fermiers la nécessité d'un jardin et celle de quelques connaissances horticoles. « Consacrez-y votre » meilleure terre et votre meilleur fumier, di- » sait-il, c'est la plus grande source de bien- » être pour une famille, et les terres à froment » les plus riches vous rapporteront trois ou » quatre fois moins. »

Bien peu ont suivi ces sages conseils ; tout est donné à la grande culture, et si quelquefois un carré est réservé à des légumes mal choisis, c'est encore si négligemment cultivé, et au moyen d'instruments si peu convenables, que souvent avec autant de peine qu'en exigerait une culture soignée qui donnerait de bons pro- duits, on n'obtient que de mauvais résultats.

De même pour les arbres fruitiers. Presque toujours on a de moins bonnes variétés, et le plus souvent on les taille si mal, qu'on n'ob- tient ni forme ni produit ; et faute de notions bien simples, le cultivateur est privé de bons légumes et de bons fruits variés, aussi utiles qu'agréables.

Les livres ne manquent pas sur cette matière, mais ils supposent toujours chez leurs lecteurs des connaissances premières auxquelles on est en général étranger. Il est, en outre, des précautions que ces traités omettent, précautions sans lesquelles on ne réussit pas souvent.

Désireux de propager ces éléments, je les ai réunis dans un petit livre à l'usage des gens de la campagne. Ils y trouveront, non toutes les cultures potagères, mais celles dont peut s'accommoder l'économie; j'y ai joint quelques conseils sur la culture des plantes sarclées, sur l'emploi avantageux des ajoncs, bruyères, feuilles, mousses, etc., et sur les plantations en pins maritimes des terres incultes. Sauf peu d'exceptions où je m'en suis rapporté à des gens habiles, il n'est rien que j'avance qui ne soit le résultat de longues années d'un travail constant; je me suis toujours gardé de donner des idées quelquefois plus brillantes, mais dont le résultat était problématique.

Que ce petit livre puisse être de quelque utilité, toute mon ambition sera satisfaite.

NOTIONS GÉNÉRALES.

Les plantes ont besoin d'espace : il ne faut donc pas planter ou semer trop dru ; les racines se gènent et la confusion des tiges et des feuilles empêche les végétaux de jouir de l'influence vivifiante de l'air, de la lumière et de la chaleur, sans laquelle ils ne peuvent prospérer.

L'eau aussi est de toute nécessité. Dans une terre tout à fait sèche, les semences s'y conservent comme dans un grenier ; dans l'eau, au contraire, elles gonflent et germent promptement ; cependant, en arrosant, il faut éviter de le faire avec excès. On saura qu'une plante en a besoin lorsqu'on verra les feuilles s'amollir ou se faner, lorsqu'en grattant la terre avec un instrument quelconque, on la trouvera sèche jusqu'aux premières racines.

Il importe donc de donner de la place aux plantes pour en obtenir de beaux résultats ; mais comme il y a des limites, nous les indiquerons au fur et à mesure que nous parlerons de semis et de plantations.

Défoncement et profondeur du sol.

En général, on est peu généreux dans les plantations, tant pour l'espace et la préparation du sol que pour les engrais, etc. M. Thoin disait : « Il faut planter richement. » Je suis bien de son avis, et pourtant je n'indiquerai que le strict nécessaire.

Il faut aux arbres un mètre de terre végétale, fumer et défoncer à cette profondeur pour avoir de beaux résultats. Avec le défoncement, on n'a plus besoin de faire des tranchées ou de grands trous pour planter : il suffit de faire des trous de manière que les racines ne soient pas recourbées ; avec le défoncement aussi, la terre se dessèche moins, elle est partout également perméable à l'eau qui s'infiltre mieux qu'avec les tranchées ou les trous dans lesquels elle coule à cause de l'imperméabilité de la terre voisine, et fait beaucoup de mal aux racines qui y sont quelquefois comme dans un bassin plein d'eau.

Pourtant si la terre végétale n'a pas un mètre de profondeur, ou que l'on craigne la dépense du défoncement, on fait des trous ou des tranchées. On a toujours recommandé de les préparer d'avance, afin que la terre soit soumise à

l'action de l'air. Cette coutume est bonne, tou-
tefois, lorsqu'on est certain qu'au moment de la
plantation l'eau ne dormira pas dans les trous
ou tranchées, et ne forme pas un mastic avec
la terre destinée à être mise au pied de l'arbre,
ce qui arrive rarement ; je conseille donc, d'a-
près M. Lepère et ma propre expérience, de
creuser les tranchées ou les trous seulement au
moment de la plantation.

Les tranchées ne coûtent guère plus de temps
et valent beaucoup mieux que les trous, lors de
la plantation à neuf d'arbres en ligne assez rapprochés. Quand il y a peu de terre végétale,
on place au fond des gazons ou de bonne terre.

Distribution du jardin.

Si l'on n'est que peu amateur de jardin, ou
que l'on ait de la difficulté à tailler ou à faire
tailler ses arbres, on peut faire des carrés de
légumes sans plate-bandes, et faire des allées
dont les plus grandes aient un mètre de largeur ;
on réunit alors en verger les arbres à haute tige
pour avoir du fruit.

Mais pour peu qu'on le veuille, l'utile peut
fort bien s'allier à l'agréable en observant la méthode suivante :

Faites d'abord tout autour des murs des allées de 1 mèt. 50 cent. de largeur, et, parallèlement le long de ces allées, faites des plate-bandes aussi de 1 mèt. 50 cent.; divisez ensuite le jardin en carrés par des allées dans lesquelles une voiture puisse passer. Entourez ces carrés de plate-bandes de 1 mèt. 50 cent., comme celles qui font le tour du jardin, puis du côté du carré et le long de ces plate-bandes, faites un sentier de 40 cent., et divisez le reste du terrain en planches de 1 mèt. 30 cent. environ; séparez de même ces planches par des sentiers de 33 cent. de largeur, puis au milieu, et à l'extrémité de ces sentiers, fichez des piquets dépassant un peu le niveau du sol et qui restent à demeure, de sorte que chaque fois que vous voudrez, après un labour, réformer les planches, vous n'ayez qu'à tendre le cordeau d'un piquet à l'autre, et passant une jambe de chaque côté du cordeau, vous tracerez le sentier en piétinant. Vous planterez en espalier les arbres auxquels le terrain et l'exposition conviennent le mieux : c'est très-important, et je conseille pour cela de prendre l'avis d'un jardinier intelligent.

Sur les plate-bandes parallèles aux allées qui

font le tour du jardin, on plantera des pommiers greffés sur paradis, espacés entre eux de 2 mèt.

Toutes les plate-bandes des autres allées seront plantées en poiriers greffés sur coignassier à 4 mèt., avec un pommier greffé sur paradis placé intermédiairement.

Les poiriers seront taillés en fuseau et les pommiers en buisson, formes avec lesquelles on n'a pas à craindre, tout en ayant des fruits, que l'ombre nuise au reste du jardin.

Bordez les plate-bandes d'oseille, tym, lavande, sauge, hysope, fraisiers, etc., etc.

Arrachage et plantation des arbres.

Il faudrait pouvoir arracher un arbre sans endommager une seule racine, et le replanter en les disposant comme elles étaient primitivement; mais comme cela ne se peut pas, il faut au moins faire ces deux opérations avec le plus grand soin, et en replantant couper toutes les parties mutilées, et tailler très-court sur les branches destinées à former la charpente de l'arbre.

Si le terrain a été défoncé, on se contente de creuser des trous suffisants pour recevoir les racines sans les recourber.

Mais que le terrain ait été défoncé ou non, il faut veiller à ce que l'arbre ne soit pas trop enterré. Après la plantation et l'affaissement de la terre, l'arbre ne doit pas être plus enterré qu'il ne l'était avant l'arrachage. On met aux racines de bonne terre meuble, on évite de laisser des cavités, et on piétine en tenant l'arbre bien droit.

Quand on a de grandes plantations à faire, on peut commencer en novembre et continuer jusqu'à la fin de mars; mais les plantations d'automne, qui se font aussitôt après la chute des feuilles, sont toujours les meilleures. La terre a le temps de se souder aux racines avant la végétation, et au printemps les arbres laissent à peine voir qu'ils aient eu à souffrir.

Lorsque c'est au printemps que l'on plante, il y a presque toujours un mouvement de sève qui, se trouvant interrompu, produit un mauvais effet; ajoutez à cela un peu de sécheresse, et l'on perdra toujours plus d'arbres qu'en automne.

Cela n'est pas applicable aux arbres verts dont les racines résineuses et menues craignent le froid; ces arbres réussissent toujours mieux plantés en avril, et le meilleur indice du moment favorable est le commencement de leur nouvelle pousse.

Un arbre fruitier que l'on plante ne doit pas avoir plus d'un an de greffe, car les yeux inférieurs peuvent être développés, et on aurait plus de peine à lui faire prendre une forme régulière. J'excepte de cette règle le pommier nain qu'on veut tailler en buisson : on trouve de l'avantage à le planter de deux ou même trois ans de greffe.

Les pêchers en espalier doivent être distants entre eux de 7 à 8 mètres, et sans avoir égard à la position de la greffe, on place l'arbre de manière à avoir de chaque côté un bon œil pour former les branches mères, et on coupe la tige à 20 ou 25 centimètres au-dessus de la greffe. On plante cet arbre comme tous les arbres en espalier, en éloignant le pied de 15 ou 16 centimètres du mur, et en y approchant la tête ; on a toujours bien soin que les deux yeux choisis qui doivent devenir les branches mères, restent placés de chaque côté.

Les poiriers, pommiers, pruniers et cerisiers en espalier, que je conseille de tailler en palmettes (voir cette taille), se plantent à 5 mètres de distance.

Comme il faut pour la palmette une tige verticale et des branches latérales, on choisira les trois yeux les mieux placés, et on taillera au-dessus du dernier. Pour les poiriers des plate-bandes qui seront, comme nous l'avons dit, espacés de quatre mètres et taillés en fuseau, il faudra couper de suite la jeune tige à peu près au tiers de la longueur, afin de faciliter la reprise et faire développer les yeux inférieurs. Si ces yeux inférieurs s'étaient déjà développés en petits rameaux dans la pépinière, on couperait ces petits rameaux en même temps à un ou deux yeux.

Pour les pommiers nains à intercaler entre les fuseaux, et que l'on taille en buisson comme nous l'avons dit, on choisira des arbres de deux ans de greffe, en taillant sur les deux ou trois plus belles branches et les mieux espacées, que l'on coupera vers le tiers de leur longueur ; les petites branches seront taillées à deux ou trois yeux, excepté celles qui feraient confusion que l'on supprimera tout à fait.

Treillage économique.

Pour palisser les arbres en espalier, beaucoup de propriétaires ont de la peine à faire ce que font par spéculation les cultivateurs de

Montreuil pour leurs pêches, et ceux de Thomery pour leurs chasselas.

A Montreuil, les murs ont trois mètres de hauteur; ils sont couverts d'un chaperon très-saillant et enduits d'une épaisse couche de plâtre pour palisser à la laque, c'est-à-dire pour attacher les branches au mur avec des clous et de petits morceaux de drap. Ce palissage est le plus cher, mais le meilleur, et les Montreuillais y trouvent leur compte. Le treillage qui coûte moins, coûte encore fort cher; avec lui le mur n'a pas besoin d'être couvert de plâtre, un crépi à chaux et à sable suffit; mais l'inconvénient du treillage que l'on pose ordinairement avant de planter les arbres, c'est qu'il se trouve à moitié ou aux trois quarts pourri quand les arbres sont encore pleins de vigueur. Voici ce que je conseille pour avoir des espaliers avec la plus grande économie.

En bâtissant, ou après si le mur existe déjà, on scelle dedans des os de pied de mouton, ou des crochets qu'on trouve à cet usage chez les quincailliers, et au fur et à mesure que l'arbre pousse, on prend chaque année de petites perches flexibles, peu importe le bois, quoique le cornouiller sanguin, dépouillé de son écorce, présente plus de durée ; on passe ces perchettes derrière l'arbre et on les courbe en demi-cercle, comme je l'ai fait à Lespinasse, chez M. Mall, en espaçant ces demi-cercles de 20 centimètres. Si les os ou crochets ne se trouvaient pas assez rapprochés pour fixer les demi-cercles, on poserait verticalement et le long du mur un, deux ou trois perches pour les attacher dessus ; rien de plus économique, car on ne dépense en treillage qu'à force que l'arbre produit.

DE LA TAILLE EN GÉNÉRAL.

On taille un arbre suivant la place qu'il occupe, la forme qu'on veut lui donner, et aussi afin d'avoir de plus beaux fruits.

Si l'on tient trop à la symétrie, c'est souvent aux dépens du fruit, et réciproquement ; il faut beaucoup de soin et d'expérience pour obtenir des arbres, surtout des pêchers, bien réguliers et extrèmement productifs.

Dans cet ouvrage, destiné à des fermiers, je ne parlerai que des moyens les plus simples et les plus faciles d'avoir du fruit avec le moins de peine et de dépense.

La taille des arbres se fait comme la plantation, depuis la chute des feuilles jusqu'à l'ascension de la sève, en commençant par les vieux pommiers et poiriers à l'abri des murs, et continuant par les autres, lorsque les grands froids ne sont plus à craindre. On finit par les pêchers et autres fruits à noyaux ; mais pour ces derniers, lorsque les boutons commencent à grossir sensiblement, mais jamais pendant la floraison, cela les fatiguerait trop.

Dans les deux ou trois premières années qui suivent la plantation, il faut tailler court afin d'avoir du bois ; ensuite on taille plus long pour produire du fruit.

Par la même raison, on coupe court un arbre qui ne pousse guère, en le dégarnissant autant que possible de tout ce qui peut le gêner. Il m'est arrivé d'enlever à de vieux poiriers les quatre cinquièmes de leurs boutons à fleurs, et d'obtenir ainsi de beaux fruits dont j'eusse été privé sans cet expédient.

Lorsqu'un arbre est très-fatigué, il est bon aussi d'enlever tout autour la terre jusqu'aux premières racines, et de la remplacer par de la terre neuve, ou bien encore on le ravale, c'est-à-dire qu'on en coupe toutes les branches près de la tige, ou bien la tige elle-même à 15 ou 20 centimètres de terre ; on force ainsi le liber à reproduire de nouvelles branches, et ordinairement au bout de trois ou quatre ans on a un arbre refait et de beaux fruits.

Si au contraire, à cause de sa trop grande vigueur, un arbre ne donne pas de fruits, on ne doit lui enlever de bois que ce qu'exige sa forme ou sa place, et on le taille lorsqu'il est entré en sève, ce qui lui en fait perdre par chaque amputation. On peut encore arquer les branches et les entrelacer en les arquant en forme d'écailles de poisson ; l'incision annulaire pratiquée en enlevant près de la terre, tout autour de l'arbre et jusqu'à l'aubier, une lanière d'écorce de quelques milimètres de largeur, est aussi très-efficace.

Avec ces moyens, j'ai réussi à faire porter du fruit à des arbres de vingt ans qui n'en avaient jamais donné ; je dois dire que je n'ai appliqué l'incision annulaire qu'à des poiriers et des pommiers : elle serait dangereuse pour les arbres à fruits à noyaux.

Taille en fuseau du poirier greffé sur coignassier.

Cette taille est aussi bonne que facile, comme l'a constaté la Société horticole de Paris, en 1846 , sur des arbres conduits ainsi depuis trente ans par M. Lhomme, dans le jardin botanique de l'École de médecine.

Elle consiste à couper la flèche ou branche terminale du poirier aux deux tiers de sa longueur si l'arbre est vigoureux, à la moitié s'il l'est un peu moins, enfin au tiers s'il n'a que peu de vigueur.

Les branches à bois se taillent à un ou deux yeux ; quant aux rameaux, brindilles, dards, on ne coupe que ceux dont la longueur dépasse 20 centimètres, sans toucher aux autres. Par cela seul, on obtient de beaux fruits attachés pour ainsi dire à la tige.

Ne perdons pas de vue ce qui a été exposé plus haut : ainsi, lors de la plantation, quand même un arbre serait très-vigoureux, il ne faudrait pas rogner au-delà du tiers de sa flèche.

Si, par inexpérience, on avait laissé la flèche trop longue, il en résulterait que les yeux inférieurs ne se seraient pas développés ; alors on

devrait, l'année suivante , revenir sur ses pas ,
couper la flèche où elle aurait dû l'être d'abord ,
supprimer les rameaux latéraux qui pourraient
rester au faîte après qu'on aurait rabattu convenablement.

Si au contraire on avait taillé trop court, et
que les yeux inférieurs se fussent développés en
rameaux aussi forts que la flèche , il faudrait
pendant la végétation les pincer deux ou trois
fois, c'est-à-dire enlever avec les ongles l'extrémité de ces rameaux, ce qui arrêterait leur
croissance au profit de la flèche.

Avec peu de terrain , on est à même par cette
taille d'avoir beaucoup d'arbres très-productifs,
en les plantant en quinconce à deux mètres de
distance.

Taille en buisson du pommier greffé sur paradis.

Comme j'ai déjà dit, en plantant les pommiers
sur paradis, on choisit d'abord les deux ou trois
plus belles branches qu'on taille vers le tiers
de leur longueur ; c'est ce qui constitue la charpente de l'arbre. A mesure qu'il prend de l'ac-
croissement, on en forme de nouvelles jusqu'au
nombre de six, sept, huit, et même plus ; ces

branches seront toujours taillées en raison de
leur vigueur, à un quart ou à la moitié de leur
longueur ; quant aux petits rameaux ou brindilles, comme pour le poirier, on ne taillera que
ceux qui dépasseraient 20 centimètres, et on ne
touchera aux autres que s'ils causent une confusion, auquel cas on les supprimera entièrement.

Avec les pommiers sur paradis, comme avec
les poiriers sur coignassier, il est aisé d'avoir
beaucoup de fruits ; en peu d'espace, on peut en
planter des massifs soit de buissons, soit de
fuseaux, ou des deux ensemble : pour ce dernier moyen, on met les fuseaux sur le milieu
et les buissons autour.

C'est pour ces pommiers que je conseille de
planter des arbres de deux ou même trois ans
de greffe : ils sont plus forts et plus tôt à fruit.

Taille du poirier en palmette.

Pour les poiriers, pommiers, pruniers et cerisiers placés le long des murs, je ne vois rien
de plus simple et de plus productif que la palmette. Je suis loin, à ce sujet, de partager les
idées de M. Dalbret, qui critique cette forme ;
je l'ai toujours pratiquée avec le plus grand suc-

cès, et je dirai en passant que j'ai vu au château de Voisenon (S. et M.) des arbres en palmette taillés par M. Berchet : ils étaient d'une régularité, d'une santé et d'un produit qui ne laissait rien à désirer, quoique déjà vieux.

Au château de Praslin, j'ai vu en contre-espalier avec trois branches horizontales de chaque côté, des pommiers de 25 mètres de face soignés par M. Sieulle. Si M. d'Albret était aujourd'hui en présence des pêchers en palmette de M. Lepère, à Montreuil, il faudrait bien qu'il se rendît à l'évidence. Pourtant le pêcher est difficile à conduire ; aussi je ne conseillerais pas d'adopter cette forme pour lui. Du reste, M. Lepère n'a voulu, par cette expérience, que prouver la possibilité de cette taille ; enfin je suis de l'avis du bon jardinier qui dit en parlant de la taille du poirier et du pommier en palmette :

« On en connaît deux variétés principales : la première a lieu quand on laisse allonger la tige sans la tailler. Dans ce cas, il est nécessairement beaucoup d'yeux latéraux qui ne se développent pas, et il en résulte des vides plus ou moins grands. La sève abandonne promptement les branches inférieures qui maigrissent et dépérissent bientôt. Cette palmette, nous la proscrivons d'un jardin bien tenu. — La seconde, au contraire, nous semble la forme la plus parfaite et la plus naturelle qu'on puisse donner à un poirier en espalier. L'usage commence à s'en répandre, et probablement qu'il se généralisera de plus en plus.

Voilà la manière aussi simple que facile de la former :

Poirier en palmette, 1re *année*. — Il faut que l'arbre soit greffé près de terre, et que la greffe n'ait qu'un an de pousse On la rabattra de manière qu'il reste au moins trois bons yeux bien placés.

Les deux inférieurs formeront les deux premiers bras, et le supérieur servira à prolonger la tige ; s'il s'en développait un plus grand nombre, on ne conserverait également que les plus beaux bourgeons. Le supérieur sera attaché verticalement, les deux latéraux resteront en liberté jusqu'en septembre pour qu'ils acquièrent toute la force possible ; alors on les palissera horizontalement tandis qu'ils conservent encore de la souplesse.

2e *année*. — A l'époque de la taille, il faut détacher son arbre et rabattre le chicot qui aura pu exister au-dessus de la naissance du bourgeon vertical. C'est alors qu'il faut bien se représenter en imagination la forme qu'on désire donner à l'arbre.

Un poirier en palmette doit avoir ses branches de 14 à 16 centimètres les unes des autres, et celles du côté droit doivent alterner, autant que possible, avec celles du côté gauche. C'est d'après ce principe qu'on allongera ou raccourcira la taille du bourgeon vertical; les branches étendues horizontalement seront taillées longues, afin que les yeux latéraux ne se développent qu'en bourses, lambourdes et brindilles. Si, contre notre attente, les yeux inférieurs ne se développaient pas comme ceux du sommet, alors on arquerait la branche de manière à faire descendre son sommet plus bas que son origine, et que l'œil que l'on veut développer se trouve dans la partie la plus élevée de l'arc. Quand l'équilibre sera rétabli, on remettra la branche en place; si au contraire un œil latéral se développait en branche à bois, on le convertirait en brindille par le pincement et le palissage. Nous ne pousserons pas plus loin ces raisonnements : il suffit de savoir qu'il faut obtenir chaque année deux branches latérales et

une verticale, jusqu'à ce que l'arbre ait atteint
la hauteur qu'on veut lui donner ; qu'il faut pra-
tiquer l'ébourgeonnement à œil poussant pour
supprimer ce qui se dirigerait trop en avant, ce
qui ferait confusion ; que les branches étant à
16 centimètres l'une de l'autre de chaque côté,
elles n'ont pas besoin de se ramifier, et que
tous leurs boutons, excepté le terminal, doivent
être convertis en branches à fruits. Si cependant une branche venait à mourir, on ferait ramifier la plus voisine pour remplir le vide.

Un arbre en palmette est plus aisé à conduire
que sous une autre forme ; le prunier et le ce-
risier s'en accomodent très-bien.

Taille du pêcher.

Beaucoup de soins, beaucoup d'expérience
sont requis pour la conduite de cet arbre, et
comme il n'est pas possible d'en obtenir des résultats satisfaisants si on n'a déjà eu les leçons
d'un jardinier expert ; je ne parlerai ici que de
son mode de végétation, renvoyant à l'excellent
ouvrage de M. Lepère, de Montreuil, les personnes qui auraient un commencement.

Végétation et formation du pêcher.

Développement des yeux (*).

Une partie donne naissance aux fruits, mais le plus grand nombre se développe en bourgeons : comme on le voit, les bourgeons sont des yeux développés par la végétation.

Les bourgeons prennent le nom de rameaux quand ils sont aoûtés et terminés par un œil.

On nomme faux-bourgeons, sous-bourgeons ou redrugeons, les yeux développés sur les bourgeons par excès de vigueur.

Les rameaux sont, comme je l'ai déjà dit, le produit de bourgeons qui ont cessé de pousser ; leur longueur varie de quelques centimètres à deux mètres. Lors de leur deuxième année, après la taille, les rameaux deviennent branches quand leurs yeux latéraux sont développés.

Les faux rameaux sont des yeux développés sur les rameaux ; le faux-rameau est au rameau ce que le faux-bourgeon est au bourgeon.

Il y a deux sortes de rameaux : le rameau à

(*) OEil et bouton sont synonymes, mais on dit ordinairement œil à bois, bouton à fruit. L'œil à bois peut pousser partout sur l'arbre, et le bouton à fleur ou à fruit ne peut naître que sur le bois d'un an.

bois et le rameau à bois et à fruit, qu'on appelle aussi rameau mixte.

Le gourmand est un rameau à bois nommé ainsi de son excès de vigueur.

La branche est, comme on l'a vu plus haut, produite par le développement des yeux du rameau après la taille.

Il y a deux sortes de branches, par la raison qu'il y a deux sortes de rameaux : la branche à bois qui n'a que des yeux à bois, et la branche à fruit qui produit des bourgeons et des fruits.

Les branches ont reçu différents noms dans la formation des arbres : par exemple, pour le pêcher sous la forme carrée, les branches mères sont celles qui divisent d'abord la tige en deux parties ; les branches secondaires portent des branches mères, et ensuite arrivent les branches à fruit, qu'on appelle aussi petites branches ; ce sont elles qui produisent la récolte, et c'est encore sur elles qu'on obtient la branche de remplacement, en ayant soin de faire développer convenablement son bourgeon le plus rapproché du talon. Cette dernière branche est dite de remplacement, parce qu'à la taille suivante on supprime celle dont elle a pris naissance, et elle la remplace en donnant du fruit à son tour; cette succession de branches est de la plus grande importance dans le pêcher.

Le dard est une petite branche (*) à fruit de 4 à 8 centimètres, qui en poussant donne un bouquet de quatre à huit boutons à fleur; c'est ce qu'on appelle bouquet de mai. Cette production ne se présente que sur des arbres d'un certain âge.

Végétation et formation du poirier.

Les yeux du poirier, en se développant, produisent, comme ceux du pêcher, des bourgeons qui deviennent rameaux, puis branches à bois et à fruits. Les branches à fruit se nomment brindilles, bourses et dards.

Les brindilles sont de petites branches à fruit courtes et minces.

Les bourses sont des renflements avec plusieurs boutons.

Les dards sont de très-petites branches terminées par un œil très-pointu; on les nomme dards sans doute à cause de leur ressemblance à un poinçon. Quand l'œil qui termine le dard

(*) Dans la pratique, on appelle improprement branche un rameau, un dard, etc.

est à l'état de bouton à fleur, on l'appelle dard couronné. Les yeux qui produisent la récolte sur le poirier, sont plusieurs années à se développer ; il en est de même pour le pommier.

Ébourgeonnage et palissage.

Autrefois, et même aujourd'hui encore, dans quelques endroits, on a l'habitude de palisser et d'ébourgeonner en même temps les pêchers au mois de juin, et d'ébourgeonner les poiriers et pommiers en juillet et août. Il en résulte d'abord pour les pêchers, que la sève employée à développer les bourgeons est totalement perdue puisqu'on les supprime ; joignez à cela le palissage fait en même temps, dans le but d'avoir tout de suite un arbre bien arrangé, et certainement rien n'est plus nuisible à l'arbre que ces deux opérations ainsi faites.

L'ébourgeonnage, bien entendu, ne consiste pas à supprimer les bourgeons, mais bien à les empêcher de se développer. Ainsi, dès que les yeux mal placés ont à peine 1/2 centimètre à 2 centimètres, on les fait tomber, et par ce moyen la sève qui aurait été perdue, si on avait laissé se développer les bourgeons, est employée au profit de l'arbre. Toutes les semaines

on fait cette suppression, à mesure que les yeux
mal placés se développent.

Le palissage aussi doit être partiel. On palisse d'abord les plus forts bourgeons et principalement ceux de la partie supérieure de l'arbre,
quinze jours après les moyens, plus tard les
petits, et même il s'en trouve dans ces derniers
qu'on ne palisse pas de l'année afin de les laisser se fortifier. Un bourgeon palissé est dans un
état de gêne qui nuit beaucoup à sa croissance ;
aussi on en profite pour tempérer ceux qui me-
nacent de s'emporter, en les palissant de bonne
heure et en les attachant de très-près.

C'est par la même raison qu'on n'attache pas
ceux qui sont faibles, et même qu'on les tire
en avant s'il le faut.

Pour les poiriers et pommiers, il est bon
d'ôter comme aux pêchers les yeux mal placés
à mesure qu'ils se montrent ; à ceux qui sont en
espalier on attache aussi les bourgeons quand ils
en ont besoin.

Une bien mauvaise méthode, c'est cet ébourgeonnage général que font quelques jardiniers
en coupant ou cassant toutes les branches au
tiers, ou à la moitié, ou aux deux tiers de leur
ongueur ; ils pratiquent cette opération fin juillet

et août. Il y a toujours après un mouvement
de sève, qui fait développer à bois des boutons,
dont autrement on eut recueilli des fruits.

Je crois à propos de dire qu'étant l'année dernière chez M. Lepère, à Montreuil, je lui com-
muniquai l'observation suivante : « J'avais palissé à dessein de grands et très-menus rameaux
sans les tailler, et ils m'avaient donné à leur
extrémité des poires l'année suivante. » M.
Lepère, sur le champ, me fit voir le même résultat sur un poirier de son jardin. Soutenu par
l'autorité d'un praticien aussi recommandable
et par ma propre expérience, je conseillerai donc
de laisser fructifier ces rameaux toutes les fois
que la place n'exigera pas leur suppression.

Après qu'ils auront rapporté, on les taillera
sur un ou deux yeux, et ils produiront de bons
bourgeons : ce sera tout profit.

Moyens à employer pendant la végétation pour remettre les arbres d'espalier en équilibre s'ils l'ont perdu.

Si un côté de l'arbre croissait avec plus de
vigueur que l'autre, on en fixerait fortement les
branches soit au mur, soit au treillage, et on
n'attacherait celles du côté faible que pour les
préserver d'être cassées par le vent, si même on

ne les avançait au moyen d'un bouchon de paille
placé derrière elles, ou en les fixant à des piquets
fichés en terre à 10 ou 15 centimètres en avant
de l'arbre. On ne doit employer ce dernier
moyen pour les pêchers que lorsque les gelées
ne sont plus à craindre. On peut encore incliner
les branches de la partie forte, les couvrir de
paillassons pendant quelque temps, et couper
leurs feuilles aux deux tiers de la longueur, en
pincer plusieurs fois les bourgeons et leur laisser le plus de fruits possible ; tandis qu'au contraire on redresse la partie faible, on l'expose à
l'air et à la lumière, et on lui enlève tous ses
fruits.

Ce que nous disons d'une partie de l'arbre,
s'applique aux quelques rameaux qu'il faudrait
soit affaiblir, soit fortifier. Lorsque c'est au sommet de l'arbre que la sève se porte avec excès,
on couvre ce sommet au moyen de paillassons
posés à cheval sur le mur, de manière à dépas-
ser le chaperon. Tous ces moyens ne veulent
être employés que les uns après les autres, à
moins qu'une trop grande disproportion n'en-
gage à se servir de plusieurs ou de tous en même
temps.

Moyens de rétablir l'équilibre en taillant.

L'équilibre n'est-il pas rétabli pendant la végétation, alors on coupe aussi court que possible les branches à bois trop vigoureuses en laissant très-longues les branches à fruit qui en dépendent; les branches à bois trop faibles sont taillées longues sur un bon œil, et l'on taille court leurs branches à fruit.

On développe les faibles en leur faisant, selon leur grosseur, une ou deux incisions longitudinales jusqu'à l'aubier du côté opposé au soleil; on commence à 2 ou 3 centimètres sur la branche mère, et on continue dans toute la longueur de la branche à fortifier.

Le cran est un bon moyen de faire développer un œil et profiter un bourgeon ou une branche sur les arbres à fruits à pépins. Au-dessus de l'œil du bourgeon ou de la branche, on enlève en deux coups de serpette l'écorce jusqu'à l'aubier; dans le cas où l'on voudrait, au contraire, arrêter leur croissance, c'est au-dessous qu'il faudrait opérer cette incision.

Taille de la vigne en cordons.

Je n'en dirai qu'un mot, rien n'étant plus facile. Quand la tige est poussée à la hauteur à laquelle on veut établir les cordons, on incline horizontalement et avec précaution de peur de les casser deux sarments, l'un à droite, l'autre à gauche, on les taille environ au cinquième de leur longueur; alors tous les yeux se développent et produisent des bourgeons et du raisin. Les années suivantes, toujours les bourgeons qui terminent les cordons seront attachés de manière à les continuer sans faire de coude, toujours on les taillera au quart ou au tiers selon leur vigueur, toujours aussi les sarments placés verticalement sur les cordons ne seront taillés qu'à deux yeux, encore y compris celui qui se trouve au talon, de sorte qu'ils ne dépasseront jamais deux ou trois centimètres. On comprend que ces petites branches verticales donneront, outre du raisin, deux bourgeons que l'on conservera; tous ceux qui seraient en plus, on les retrancherait à l'ébourgeonnage qui a lieu quand les jeunes pousses ont de 20 à 25 centimètres. Il ne faut pas oublier de tailler toujours sur le sarment le plus rapproché du cordon, n'importe sa place et sa force.

La revue horticole a publié, il y a quelques années, pour conduire les treilles, une méthode à laquelle je donne toute approbation ; on taille, on ébourgeonne, comme j'ai dit plus haut, et quand les bourgeons réservés sont développés, on les pince au-dessus de la dernière grappe aussitôt qu'elle se montre.

Mais comme le pincement fait développer des sous-bourgeons près de l'extrémité du bourgeon pincé, je craindrais qu'en supprimant tout à fait ces sous-bourgeons on ne forçât le développement des yeux du bas sur lesquels on doit tailler l'année suivante. Alors quand ces sous-bourgeons ont atteint cinq ou six yeux, je les pince à leur tour à deux ou trois yeux, ce que je trouve nécessaire pour occuper la sève ; il y a lieu de croire que ce pincement profite aux fruits, comme pour les pois, les melons, etc. J'ai essayé cette manière au château de Maupertuis (S. et M.), à Lespinasse et à Mérieu, et je n'ai eu qu'à m'en louer. A Lespinasse, un cordon de muscat, long de trois mètres, a produit soixante-cinq belles grappes.

Parmi les avantages que présente cette méthode, elle offre encore celui de ne pas exiger le palissage, ce qui demande du temps, alors qu'on en doit être avare ; on n'emploie pas non plus le taillage toujours si onéreux ; une perche ou un fil de fer fixé verticalement pour attacher la tige, une autre perche ou un autre fil de fer horizontalement placé pour soutenir le cordon, voilà tout ce dont on a besoin; on ne craint pas non plus, par ce moyen, de voir les bourgeons cassés par le vent.

Tout me donne à penser que cela pourrait, dans quelques endroits, convenir à la vigne à vin; mais n'ayant pas encore fait l'expérience, je n'oserais l'assurer.

* * *

DES MEILLEURES ESPÈCES DE FRUITS A CULTIVER.

Pêchers.

	Époque de la maturité.
Grosse mignonne hâtive.	Commenc' d'août.
Grosse noire de Montreuil Galande.	Fin d'août.
Madeleine de Courson.	Idem.
Belle bausse.	Septembre.
Bon ouvrier.	Du 15 sept. à oct.

Poiriers.

Amiré joannée poire St-Jean.	15 juin.

Epargne.	Fin juillet.
Beurré Giffard.	Août.
Bergamotte d'Angleterre.	Septembre.
Duchesse d'Angoulème.	Octobre.
Beurré grès d'Amboise.	Idem.
Doyenné gris-jaune d'hiver.	Novembre.
Beurré Picquery.	Décembre.
Crassane.	Décemb. et Janv.
Beurré d'Arembert.	Janvier.
Saint-Germain.	De nov. en mars.
Doyenné d'hiver.	De déc. à mai.
Beurré gris d'hiver nouv.	Fin hiver au print^s.
Bon chrétien d'hiver.	De déc. à janv.
Doyenné d'hiver.	Déc. à mai.
Passe Colmard.	Déc. à janv.

Poires à cuire.

Bon chrétien d'Espagne.

Martin-Sec.

Gille ô Gille.

Catillac.

Il y a deux ans, chez M. Morin, ancien préfet des Deux-Sèvres, propriétaire à la Braudière, commune de Vernon sur le Clain (Vienne), j'ai mangé d'une poire qui mérite d'être cultivée sous tous les rapports ; elle est de moyenne grosseur et réussit très-bien en plein vent. Cette poire est bonne crue, excellente au four, et se conserve tant qu'on veut ; je l'appelle poire de M. Morin, dans le pays elle se nomme poire Verdière.

J'ai greffé en couronne, à Lespinasse, un poirier qui a bien réussi.

On peut planter le long des murs, au nord et au couchant, le beurré gris d'Amboise, le Saint-Germain, la Virgouleuse et la Crassanne.

Pommiers.

	Époque de la maturité.
Reinette du Canada.	Déc. et janv.
Reinette ordinaire.	Janvier.
Calville blanc d'hiver.	Déc. à mars.
Chataigniers.	Janv. à mars.
Reinette blanche.	De fév. à mai.
Fenouillet rouge.	Janvier.

Pruniers.

Grosse Mirabelle au drap d'or.	Août.
Reine Claude verte.	Août.
Reine Claude de Bavay.	Septembre.

Pour pruneaux.

Sainte-Catherine.
Prune d'Agen.

Abricotiers.

Abricotier commun.   Fin juillet.
Abricotier pêche.   Même époque.

Cerisiers.

Hâtive d'Angleterre.   Mai.
Belle de Choisy.   Juin.
Reine Hortense.   Fin juillet.
Royale tardive.   Même époque.

Fruitier.

M. de Dombasle a imaginé un fruitier mobile qui est certainement, comme il le dit, recommandable pour les ménages de tous les rangs.

On fait construire en planches de peuplier ou de sapin de 2 centimètres et demi d'épaisseur, des caisses de 8 centimètres de hauteur sur 42 centimètres environ de largeur, le tout pris en dedans ; toutes les caisses doivent avoir une dimension bien égale, de manière à s'ajuster exactement les unes sur les autres. Elles n'ont pas de couvercles. Le fond est formé de planches d'un centimètre d'épaisseur, solidement fixées par des points sur le bord inférieur des planches qui forment les parois des caisses. Au milieu de chacun des quatre côtés de la caisse,

on fixe par des clous, près des bords supérieurs,
des morceaux de bois ou tasseaux de 8 à 9 centimètres de longueur sur 5 centimètres de largeur, et 1 centimètre d'épaisseur. Ces morceaux
sont appliqués par une de leur face large sur
les faces extérieures de la caisse, et en sorte
qu'un de leurs bords, sur toute la longueur du
tasseau, dépasse en hauteur de 1 centimètre ou
un peu moins le bord supérieur de la caisse.
Ces tasseaux ont deux destinations : d'abord ils
aident au maniement des caisses en servant de
poignées par lesquelles on les saisit et les enlève
facilement des deux mains, ensuite ils servent
d'arrêts pour tenir exactement les caisses dans
leur position, lorsqu'on les empile les unes sur
les autres ; à cet effet, ces tasseaux doivent être
un peu amincis dans la partie qui fait saillie en
hauteur, de manière que la caisse supérieure
puisse recouvrir bien exactement celle qui est
au-dessous, sans être serrée par les bords des
tasseaux.

On conçoit facilement, d'après cette descrip-
tion, que chaque caisse étant remplie d'un lit de
poires, de pommes ou de raisins, etc., elles
s'empilent les unes sur les autres, chacune servant de couvercle à la précédente, et la caisse

supérieure est seule fermée par une caisse vide,
soit par une plate-forme mobile en planches, de
même dimension que les caisses. On peut em-
piler ainsi quinze caisses ou même davantage,
et chaque pile présente l'apparence d'un coffre
entièrement inaccessible aux animaux rongeurs,
et que l'on peut loger dans un local destiné à
tout autre usage, dans lequel il n'occupe presque pas d'espace.

Une pile de quinze caisses qui n'occupera
qu'une hauteur de 1 mètre 33 centimètres au
plus, contiendra 2,000 à 2,500 poires ou pommes d'espèces diverses.

Les caisses, selon les bois, coûteront 75 cen-
times à 1 franc, et les fruits se conserveront
beaucoup mieux dedans que dans le meilleur
fruitier ordinaire.

Semis.

C'est par la voie du semis que se reprodui-
sent la plupart des plantes, que naissent les individus les plus sains et les plus vigoureux, que
se forment enfin ces nombreuses variétés de
fleurs et de fruits dont la nature semble iné-
puisable. Les plantes annuelles, à cause de leur
courte durée, n'ont pas d'autre mode de pro-
pagation.

Combien ne devons-nous pas regretter que les personnes à même par leur fortune de recher-cher au moyen du semis de bonnes et nouvelles variétés, négligent une pareille source de jouis-sances pour elles et de richesses pour tout le monde.

Avant de faire un semis, il faut que la terre soit labourée, fumée si besoin est, bien ameu-blie, qui, sans être sèche, ne gâche pas sous les pieds.

Les graines nouvelles donnent des individus plus vigoureux, mais les vieilles sont préféra-bles dans bien des cas; par exemple, des choux semés en automne pour l'année suivante, se-ront moins disposés à monter en graine.

La graine de melon de quatre à cinq ans vaut mieux que la nouvelle qui se met plus diffici-lement à fruits.

Les semis se font à la volée, en rayons et potelets. Le semis à la volée se fait de deux manières. Si on a de grands morceaux à ense-mencer, naturellement dans les champs, on imite les fermiers en accordant sa main et son pas, et en jetant la graine devant soi avec deux doigts; c'est ainsi que l'on fait pour les petites graines, telles que navets, carottes, oignons, etc. Les autres plus grosses se sèment avec trois doigts ou à la poignée, et toujours en jetant devant soi.

Mais pour semer de petites graines en planches, dans un jardin, on marche doucement de côté en tenant la graine à pleine main et la laissant tomber entre les doigts que l'on ouvre plus ou moins, selon qu'on veut la mettre plus ou moins drue.

Dans les champs, comme dans un jardin, on sème en faisant le tour du billon ou de la planche.

Lorsque l'on veut semer en rayons, on ouvre avec un traçoir, le long d'un cordeau, des rayons plus ou moins profonds, plus ou moins distants l'un de l'autre, selon la graine que l'on emploie.

Le semis en rayons est le meilleur pour détruire les mauvaises herbes au moyen de la binette.

Les semis en potelets se pratiquent au moyen d'un hoyau et d'un cordeau, le long duquel on fait avec le hoyau des trous en échiquier à une distance et à une profondeur convenables aux semences. Les trous se font un peu creux, de manière que la semence, après avoir été suffisamment couverte, soit un peu en contre-bas, afin qu'on puisse plus tard la rechausser en binant.

On plante en potelets les pommes de terre, les pois si on veut, mais surtout les haricots; j'ai toujours remarqué que ces derniers réussissaient mieux en touffes de cinq ou six que de toute autre manière, et qu'il était bon de les rapprocher l'un de l'autre dans le potelet.

Si on a semé à la volée, on donne, selon la grandeur du terrain, un tour de herse ou un coup de fourche ou de râteau, ce qui suffit pour enterrer les graines.

Dans les semis en rayons, on recouvre en tirant un peu de terre avec le dos du râteau ou le côté du traçoir.

Lorsqu'on sème en potelets, on recouvre à mesure, et pour cela il est bon d'être deux; l'un fait des trous et recouvre la semence que l'autre y met le plus promptement possible.

Pour qu'un semis soit bien soigné, surtout au printemps, il est bon de le couvrir d'un 1/2 centimètre de terreau de couche, que l'on recouvre d'une manière bien égale sur la planche ou dans les rayons. Lorsqu'on n'a pas de terreau, il faut au moins donner un léger paillis.

c'est-à-dire répandre des débris non consommés de couche ou de fumier léger d'une épaisseur de 3 ou 4 millimètres.

Les terreautages sont très-bons, de même que les paillis, pour arrêter l'action malfaisante des hâles et des petites gelées, en même temps qu'ils empêchent la pluie de battre la terre et les mauvaises herbes de pousser.

Je dois dire que les terreautages sont préférables aux paillis, surtout contre les gelées du printemps.

On ne doit enterrer les semences ni trop, ni trop peu ; excepté les haricots, on les enterre toutes à proportion de leur grosseur.

Ainsi, il faut 5 à 6 centimètres de profondeur aux noyaux, aux glands, aux marrons, etc., et 3 à 4 centimètres aux pépins, aux pois, aux fèves ; les haricots se couvrent à peine parce qu'ils pourrissent très-facilement.

Toutes les graines fines, telles que celles des carottes, navets, poireaux, etc., doivent être à peine couvertes ; du reste, nous donnerons ces indications à la culture de chaque plante.

Il faut bien piétiner la terre lorsqu'on a semé de petites graines, surtout les radis, l'oignon, les épinards et les mâches.

Repiquage.

Repiquer, veut dire piquer ou planter plus avant, et c'est aussi ce qu'on fait en repiquant, on enfonce *le plant plus avant* qu'il ne l'était par le semis, et on lui donne en même temps l'espace nécessaire au développement qu'il doit prendre pour la mise en place définitive. Quand le plant a déjà une certaine force, on le lève et dans une bonne terre ameublie, à l'aide d'un cordeau, on fait de petits rayons avec le dos du râteau ou le bec du traçoir, et on repique au plantoir en bornant bien, c'est-à-dire en rapprochant et foulant convenablement la terre au pied de la plante. Les choux semés en automne, pour les mettre en place au printemps, sont repiqués à une exposition abritée. On repique aussi beaucoup d'espèces de fleurs, telles que balzamine, reine-marguerite, œillets d'Inde, etc., pour les lever en mottes et les mettre en place quand elles sont prêtes à fleurir.

Dans les pépinières, le repiquage des plants d'arbres a lieu au bout d'un ou deux ans, selon qu'ils ont plus ou moins poussé ; cette opération se fait ordinairement à la pioche. Quoique ce soit mis à demeure, on dit souvent repiquer de la salade, de l'oignon, des betteraves, etc.

Mise en place définitive.

Pour la mise en place, il faut, comme pour le semis et le repiquage, que la terre soit bien fumée et bien divisée ; en parlant de chaque plante en particulier, je dirai la manière de les cultiver. Seulement, je préviens ici qu'il faut toujours, règle générale, arroser une plante après le repiquage ou la plantation ; à moins qu'on soit sûr d'avoir bientôt de la pluie, encore est-il bien de mouiller pour souder de suite la terre aux racines.

Quand on fait dans les champs une grande plantation de choux, choux-raves, etc., qu'on n'arrose pas, je conseille comme un bon moyen pour attendre la pluie, d'enduire les racines avec la composition suivante : deux tiers de bouze de vache, un tiers de noir animal, ou à défaut de noir animal, un peu d'argile délayé avec un peu d'eau ou de jus de fumier dans un baquet. Cela nous a parfaitement réussi à Lespinasse. J'étais chez M. Alfroy, pépiniériste à Lieursaint (Seine-et-Marne), quand on recevait en très-bon état, de l'Amérique, des arbres à fruits dont les racines avaient été enduites d'argile délayée dans de l'eau bouillante. Cet exemple suffira pour prouver l'efficacité de ce moyen pour la conservation en bon état des racines contre la sécheresse.

Des greffes.

Les semis donnent les variétés, mais la plupart des variétés obtenues ne se conservent et ne se propagent que par la greffe et les boutures ; par exemple, il ne faudrait pas attendre une poire de Beurré ou de Saint-Germain, ni une pêche grosse-mignonne, parce qu'on aurait semé des pépins ou des noyaux de ces fruits ; il ne faudrait pas non plus, d'un géranium d'une certaine couleur, attendre la même nuance par la graine. Mais le poirier de Saint-Germain, la pêche grosse-mignonne se conservent par la greffe, et le géranium par la bouture.

Je ne parlerai ici que des greffes les plus usitées, la greffe en fente, la greffe en couronne, la greffe en écusson ; je ne donnerai pas non plus de détails sur la manière d'opérer. Il n'est pas facile de réussir, même avec des dessins bien faits, si l'on n'a jamais vu greffer, quand, au contraire, une seule leçon suffit à beaucoup de personnes, surtout en observant ce que je vais recommander. Pour la greffe en fente et en couronne, il faut que les sujets soient en sève et que les greffes n'y soient pas ; à cet effet, dès janvier et février, on coupe des rameaux de la dernière pousse que l'on choisit parmi les plus beaux, et on les enterre le long d'un mur au nord jusqu'au moment de greffer. C'est sur les deux derniers tiers du rameau qu'on doit préférablement prendre les greffes. Le meilleur moment de faire ces greffes est indiqué par le sujet quand ses feuilles commencent à pousser ; on a dû à l'automne ou au moins trois semaines avant de greffer, couper au sujet les branches qui pourraient se trouver au-dessous de la greffe. Quand les sujets sont petits et qu'on leur met des ligatures, il faut avoir bien soin de les desserrer ou de les couper à mesure que les arbres poussent, autrement il arriverait un étranglement qui ferait beaucoup de mal. Ceci n'est pas seulement pour les ligatures des greffes, mais bien en général pour toute espèce de liens qu'on met aux arbres et aux plantes. Il faut aussi fixer les greffes à des tuteurs, sans quoi le vent les casserait. La greffe en couronne proprement dite, qui se pose entre l'aubier et l'écorce, ne convient pas aux fruits à noyaux ; pour ces derniers, quand ils sont gros, on peut fendre l'arbre en quatre et poser ainsi quatre greffes. Si on n'avait que deux ou trois greffes, on pourrait couvrir l'amputation avec de l'onguent de Saint-Fiacre, c'est-à-dire un mélange de bouze de vache et d'argile ; mais quand le nombre en vaut la peine, il faut faire de la cire à greffer de la manière suivante :

Cire à greffer.

On fait fondre ensemble, soit pour une livre ou 500 grammes :

Poix de Bourgogne. . . .	320 grammes.
Poix noire..	80
Cire jaune..	40
Résine.	40
Suif de mouton.	20
	————
	500 grammes.

Cette composition est aussi excellente pour recouvrir les amputations larges et les plaies aux arbres, surtout aux fruits à noyaux. On la fait fondre sur un feu doux, et avec un pinceau on l'étale quand on peut endurer la main dessus.

Greffe en écusson à œil poussant.

Cette greffe se fait ordinairement de la fin de mars au 15 juillet, quand les yeux sont déjà prononcés sur les bourgeons; ceux du bas sont les meilleurs. Il faut couper de suite la feuille au milieu du pétiole, et cela pour la greffe à œil poussant comme pour celle à œil dormant. La greffe à œil poussant s'applique sur beaucoup d'arbres, mais c'est au rosier qu'elle convient le mieux; pour cette greffe, il faut, comme pour les greffes en fente et en couronne, avoir supprimé d'avance les branches ou les bourgeons qui pourraient se trouver au-dessous d'elles, et ne conserver que celles ou ceux sur lesquels on veut opérer. Le plus ordinairement, on greffe sur les pousses de l'année, et au lieu de les couper de suite à quelques centimètres de l'écusson, comme on fait souvent, il vaut mieux les courber en demi-cercle et les attacher avec deux ou trois joncs à la tige, et ne les trancher que quand l'œil pousse bien. Si on avait greffé sur la tige, on laisserait au-dessus de la greffe quelques branches pour attirer la sève et qu'on arquerait comme il a déjà été dit. Pour toute espèce de greffe, il faut avoir soin de supprimer encore, après l'opération, tous les bourgeons qui pousseraient au-dessous à mesure qu'ils se montrent.

Greffe en écusson à œil dormant.

Cette greffe est la plus usitée par les pépiniéristes, et sans contredit la meilleure. Avec elle on a l'avantage de recommencer dix ou douze jours après si on l'a manquée, et au printemps suivant on pourrait encore recommencer à œil poussant, ou en fente, ou même attendre et regreffer à œil dormant, selon que l'on trouve le sujet convenable ; quoique le rosier réussisse bien à œil poussant, les bons cultivateurs le greffent généralement à œil dormant. Le moment le plus favorable pour cette greffe, est celui où au moins tous les trois quarts des bourgeons de chaque sujet ont cessé de pousser. L'amandier étant de tous les arbres à fruit celui qui garde le plus longtemps sa sève, il faut se garder de le greffer trop tôt ; pour le greffer à œil dormant, il est bon de lever les écussons vers le milieu du rameau qu'on a choisi, et il faut pour réussir à cette greffe les mêmes soins que pour celle à œil poussant. Du reste, on ne touche aux branches ou à la tige du sujet qu'au printemps suivant et quand les yeux sont bien repris. Alors à 8 ou 10 centimètres au-dessus, on coupe les branches ou la tige, puis, un peu plus tard, quand la greffe a 40 ou 50 centimètres de longueur, on supprime tout à fait le chicot.

Boutures.

Ne nous occupons que des boutures nécessaires dans une ferme, parmi lesquelles les boutures en plançons des arbres aquatiques sont les plus importantes. Ordinairement à l'automne on émonde les peupliers et les saules, alors on choisit les plus belles branches qui sont émondées à leur tour, et rognées à 2 mètres de longueur, en attendant la plantation que l'on fait au printemps, si on ne l'a pas faite de suite à l'automne. A cette fin, on donne un labour de 1 mètre à 1 mètre 50 centimètres au moins en carré à la place destinée à chaque bouture, puis faisant un trou de 30 à 35 centimètres de profondeur avec un pieu non pointu, on y plante cette bouture que l'on bourre bien. Le peuplier, le saule, le platane, le coignassier, le sureau, l'osier, le groseiller, le romarin se bouturent en pépinière de la manière suivante : on coupe, ou mieux encore quand on le peut, on éclate des branches à leur empâtement, on les rogne à 20 ou 25 cent., on les enfonce à peu près à la moitié de leur longueur dans la terre, et avec quelques soins elles réussissent presque toutes, surtout si elles sont à une exposition un peu ombragée.

Bouture de vigne qu'on peut faire à demeure.

Partout où on peut avoir de la vigne, on sait assez bien la bouturer. Je dirai seulement ici qu'il est avantageux de choisir de beaux sarments que l'on coupe au bas, immédiatement sous un œil, ou, ce qui vaut beaucoup mieux, on l'éclate à son empâtement, et on plante avec un talon ; c'est ce qu'on appelle à Tômery planter en croisettes : on couche ces boutures dans une longueur de 60 à 80 centimètres au fond d'une rigolle préparée à cet effet et profonde de 30 à 32 centimètres, on pose dessus 3 ou 4 centimètres de bonne terre, on relève à peu près verticalement l'extrémité supérieure qu'on coupe à deux yeux hors de terre et qu'on attache à un échalas, puis on remet dans la rigolle, sur la terre qu'on a déjà mise, du fumier, des bruyères, du buisson, des gazons, etc. On emploie, de ces matières, ce qu'on peut se procurer le plus facilement ; on recouvre de 4 ou 5 centimètres de terre, on piétine bien, et l'opération est faite.

Marcottes.

Pour la marcotte, sans l'enlever de sa mère

on force une branche à prendre racine en la couchant en terre à 15 ou 16 centimètres de profondeur ; on la fixe avec un crochet et on relève son extrémité au-dessus du sol. Ce moyen peut s'employer pour le figuier, la vigne, les œillets, etc. Pour ces derniers, on ne les enterre que de 6 à 8 centimètres, et on fend par la moitié, d'un nœud à l'autre, la partie inférieure qui est enterrée ; on met aussi un peu de terre dans cette fente pour la faire tenir ouverte, et on fixe avec un crochet comme pour les autres marcottes.

PLANTES POTAGÈRES.

Pommes de terre.

Je conseille de choisir d'abord celles qui sont en usage dans le pays, et ensuite faire des essais en petit de toutes les bonnes variétés connues, afin de voir celles qui conviennent mieux au terrain qu'on cultive, car telle espèce qui réussit bien dans un endroit, ne réussit pas du

tout dans un autre; du reste, il serait raison-
nable de faire de même des essais comparatifs
sur la plupart des plantes. Pour un jardin de
ferme, et aussi pour les champs, la grosse jaune
hâtive, appelée de la Saint-Jean, est à mon avis
une excellente pomme de terre; elle produit
beaucoup, et comme toutes les variétés hâtives,
elle a le mérite d'être moins sujette à la maladie
que les tardives, qui sont quelquefois perdues
à moitié. La violette hâtive est aussi excellente
et mérite bien d'être plus cultivée. Il a été
prouvé que la patraque jaune est celle qui donne
le produit le plus considérable pour l'extraction
de la fécule. Avec une terre saine et abritée
des grands froids, on peut avoir des pommes
de terre de bonne heure en plantant la petite
marjolin, ou mieux encore une excellente variété nouvelle, appelée Comice d'Amiens, en
plantant en automne ou au commencement du
printemps, et couvrant d'un peu de feuilles ou
plutôt de balle de blé ou d'avoine. Pour la plantation, les potelets espacés de 70 centimètres
en échiquier sont les meilleurs modes à suivre,
comme le commencement d'avril est la meilleure époque pour faire la grande plantation.
Je connais de bons praticiens qui ne veulent pas

planter à la charrue à cause des cavités qui se forment, surtout si la terre n'est pas bien meuble. Les tubercules qui se trouvent dans ces cavités poussent en tournant comme un tire-bouchon, et ne donnent qu'un mauvais résultat; d'un autre côté, la plantation n'est jamais aussi régulière qu'avec la bêche ou la pioche, tant pour l'espace que pour la profondeur; puis aussi au moyen des potelets, on rechausse facilement les touffes, ce qui est encore un grand avantage. Ainsi, je conseille de faire faire la plantation et le premier binage à la main, et les autres avec les chevaux.

Il est toujours excellent de donner un tour de herse sur les pommes de terre quand elles commencent à lever. A Lespinasse, j'ai planté comparativement à culture et terrain égaux des yeux de pommes de terre contre des tubercules entiers : les résultats ont été à peu près les mêmes. C'est la troisième fois que je fais cette expérience dans un terrain bien ameubli. A Mérieu, dans une terre compacte, les yeux ont moins produit que les tubercules entiers. Il faut mettre douze yeux pour chaque touffe. J'ai fait aussi un semis de graines venant d'Amérique, envoyées par le ministre de l'agriculture; j'ai

repiqué le plant à 35 centimètres dans 66 cen-
tiares de terre : le produit a été de 120 litres de
tubercules pesant 90 kilos. Un seul pied a produit cinq pommes de terre violettes-rouges pesant 850 grammes. Quand on a repiqué le plant
de pommes de terre, il est bon de le faire dans
des rayons profonds de 8 ou 10 centimètres
pour faciliter le rechaussage, qu'il faut recommencer à trois ou quatre fois à mesure que le
plant prend de la force. Avec du fumier, les
pommes de terre produisent beaucoup plus ;
mais pour en avoir de meilleures à manger, il
faut les planter sans fumier. On devra ne butter
que les variétés qui ont de la tendance à monter
sur terre. L'expérience m'a aussi bien prouvé
que les gros tubercules coupés en quatre, et
quatre morceaux par touffes, étaient le meilleur
mode de plantation.

Quand aux moyens indiqués contre la maladie, j'ai essayé tout ce que j'ai lu dans les journaux de culture et tout ce qui m'est venu à
l'idée, et je dois dire que je ne connais rien de
suffisant. Pourtant, j'ai remarqué qu'en plantant de bonne heure on avait moins de tubercules gâtés. Plusieurs cultivateurs assurent,
par les journaux, avoir eu un succès complet

en plantant à l'automne ; cela tient peut-être à des circonstances particulières, mais je n'ai pas encore eu tant de réussite.

Choux.

Les choux d'York, pain de sucre, cœur de bœuf, choux de Saint-Denis, et généralement tous les cabus, se sèment de la fin d'août au commencement de septembre ; on en repique une partie à l'abri des grands froids à 14 ou 16 centimètres de distance. Pour les mettre en place à demeure définitive, au printemps, on en plante tout de suite une partie à demeure, et on conserve le reste sur la planche de semis pour s'en servir au besoin. Si l'hiver avait détruit les plants, ou qu'ils eussent monté en graine, on pourrait semer de nouveau en février sur couche avec des cloches, surtout si la couche est abritée du vent du nord.

Si l'on n'a ni cloches ni couches, on peut encore ressemer dans les premiers jours de mars, le long d'un mur à bonne exposition, en terreautant bien.

Le chou conique se sème en mars et avril ; les différentes variétés de Milan qui sont toutes très-bonnes, se sèment de février à la fin de juin.

Les choux se plantent dans des rayons de 4 ou 5 centimètres de profondeur, en espaçant les Yorck et pain de sucre de 33 à 35 centimètres en échiquier; les cœur de bœuf et tous les autres de 60 à 70 centimètres.

En mars et avril, on sème pour les animaux le chou cavalier, le chou de Poitou, le chou moëllier; quand ils ont pris assez de force, on les plante dans les champs en les espaçant de 80 centimètres à 1 mètre.

Le rutabaga, le chou-rave, le chou-navet sont bons pour les hommes et pour les animaux, le rutabaga surtout et le chou-rave, quand ils sont encore jeunes et tendres. Ces plantes ont le mérite d'être dures au froid et se conservent longtemps. Les rutabagas et les choux-raves se mangent comme des navets, sont de bon goût et plus nourrissants que ces derniers. L'époque de leur semis dure depuis la mi-mai jusqu'à la fin de juin; on sème très-clair ou on dédrussit, car ces plantes doivent être espacées entre elles de 35 à 40 centimètres.

Haricots.

Les meilleurs haricots à rames sont : le sabre, excellent en vert et en sec; le soissons, le prédome blanc et gris, le pragne rouge et le pragne jaspé, appelé à Paris haricot-chou; ces trois derniers sont très-bons comme mange-tout. Parmi les nains, le flageolet a le mérite d'être très-hâtif; on peut commencer à le semer vers le 15 avril à une exposition abritée; si on veut manger des haricots en vert, on peut recommencer tous les quinze jours jusqu'en juillet. Comme haricots rustiques, les rouges, les gris-nains et les soissons-nains sont à préférer: la grande plantation pour manger en sec se fait dans les premiers jours de mai. On sème les haricots en potelets, par touffes de cinq ou six, sur une planche de 1 mètre 30 centimètres; on fait quatre rangs, et sur les rangs on espace les touffes de 36 à 40 centimètres, et on met de la terre à peine pour les couvrir. J'ai expérimenté plusieurs fois, comme je l'ai dit, que les haricots réunis en tas réussissaient mieux qu'étant éloignés les uns des autres à chaque extrémité du potelet. Les haricots aiment le fumier consommé et les binages, en rechaussant les touffes; ils sont excellents à manger en vert et en sec, et il n'est aucun légume aussi nourrissant.

Fèves.

En février, mars et avril, on plante en potelets à la même distance que les haricots ; on
met deux semences par potelet et on couvre de
3 à 4 centimètres de terre, on pince l'extrémité
de la tige quand elle commence à défleurir, et
par ce moyen on fait grossir le fruit qui mûrit
aussi plus tôt. Les fèves sont très-nourrissan-
tes, et c'est à tort qu'on en néglige la culture
dans quelques endroits.

SALADES.

Mâches.

La ronde est la plus belle, on la sème fin
d'août, dans une terre plutôt ratissée que labourée ; on espace assez les graines pour que
les plantes ne soient pas près les unes des autres à plus de 5 ou 6 centimètres. On donne un
coup de râteau, on piétine bien si la terre a été
labourée, on terreaute ou on paille, et on tient
la terre humide, autrement les graines ne lève-
raient pas.

Romaine et laitue d'hiver
Pour manger au printemps.

La grosse romaine verte, la grosse rouge panachée, la laitue de la Passion et la laitue rouge, toutes ces salades d'hiver se sèment fin d'août. Quand le plant est assez fort, on le plante à bonne exposition, dans une terre bien fumée.

Laitue gotte à graine noire.

Cette excellente petite salade rend souvent service, si on en fait une bonne planche en terre bien préparée. On la sème fin de février, on en coupe en dédrussissant dès qu'elle a quelques feuilles, et on continue ainsi longtemps ; celles qui restent grossissent et à la fin se mangent pommées.

Les laitue et romaine de printemps et d'été, laitue de Versailles, laitue palatine, romaine blonde, romaine verte et romaine rouge panachée (cette dernière est la même panachée que j'ai indiquée pour l'hiver, et je la considère comme une excellente salade), se sèment un peu tous les quinze jours, depuis mars jusqu'en juin. Il faut en faire beaucoup dans une ferme, car l'excédent de la cuisine est très-bon pour les animaux ; on lie les romaines pour les faire blanchir.

Chicorée de Meaux et Scarolles.

Elles se sèment en juin, et autant que possible en terre terreautée ou avec un léger paillis par dessus.

Pour les laitues, romaines, chicorées et scarolles, sur une planche de 1 mètre 50 centimètres, on fait quatre rangs avec un cordeau et le dos du râteau, et on met sur les rangs les plantes en échiquier de 35 à 37 centimètres.

Oignons.

L'oignon blanc, et dans l'ouest, l'oignon de Niort, se sèment fin d'août pour être mis en place en octobre ou en mars. Alors, sur une planche de 1 mètre 50 centimètres, on fait sept rayons à l'aide d'un cordeau et le dos d'un râteau, et après avoir rogné par la moitié les racines du plant, on le plante très-peu avant en bornant bien avec le plantoir et en espaçant de 10 ou 12 centimètres en échiquier.

L'oignon rouge et le blond des Vertus se sèment en février et mars, et comme on les laisse mûrir sur place, on les sème beaucoup moins dru que les précédents ; on piétine bien, on donne un coup de fourche ou de râteau, puis on terreaute par dessus.

L'oignon aime une terre douce, bien ameublie, fumée de l'année précédente, et c'est ordinairement après une culture de choux qu'on sème l'oignon.

Ail et échalottes.

On repique les caïeux en février, en même terre et à même distance que l'oignon.

Ciboule vivace et ciboulette.

On les multiplie en dédossant (divisant) à l'automne ou au printemps, et repiquant à demi-ombre en bordure à 12 ou 15 centimètres, on renouvelle ainsi ces plantes tous les cinq ou six ans.

Pois.

Pois à écosser à rames.

Si on veut des primeurs, il faut semer le michaux de Reuille en novembre, puis le michaux de Hollande fin de février ou mars, le long d'un mur à bonne exposition; ces variétés ont le mérite de la précocité, mais produisent moins que le pois de Marly, le pois d'Auvergne ou le ridé.

Pois mange-tout.

Le pois sans parchemin blanc, ou corne de bélier, est le meilleur des pois dont on mange la cosse avec le grain.

Pois nains à écosser.

Il y en a de verts et de jaunes ; ces pois, qui n'ont pas besoin de rames, sont très-commodes pour la culture des champs.

Excepté les michaux que j'indique pour primeur, ces différentes variétés se sèment en mars et avril ; si on voulait des pois d'arrière-saison, on sèmerait le pois de Clamart en juin ou au commencement de juillet.

Le pois aime une terre qui n'en a pas encore porté, ou qui n'en a pas porté depuis long-temps ; on fume la terre si le sol est maigre, et dans une planche on fait quatre ou cinq rayons, avec le bec du traçoir, profonds de 7 ou 8 centimètres, on répand les semences à 2 ou 3 centimètres les unes des autres, on piétine dans les rayons, puis on recouvre avec la terre qui en est sortie.

Il est avantageux de pincer les pois, surtout les premiers, quand ils montrent leur quatrième ou cinquième fleur.

Carottes.

La carotte hâtive, la courte et la moyenne longue de Hollande, s'emploient pour la cuisine, et la blanche à collet vert pour les animaux. Dans une terre bien ameublie, s'il faut fumer, on le fera avec des engrais bien consommés. Les semis durent depuis la fin de février jusqu'en juin. Dans les jardins, on piétine les planches, on donne un coup de fourche ou de râteau, puis, si on peut, on terreaute ou on paille; dans les champs on herse et on roule. Du reste, on détruit les mauvaises herbes, et si on a semé trop épais, on éclaircit pour que les plantes soient au moins à 15 ou 20 centimètres les unes des autres.

Artichaut.

C'est le gros vert de Laon qui est le plus estimé. Autant que possible, dans une terre profonde et bien fumée, on plante en avril, en espaçant de 1 mètre en échiquier. On met deux œilletons à 10 ou 12 centimètres l'un de l'autre pour former la touffe, on nettoie à la serpette les déchirures qui pourraient être faites au talon du plant, et on rogne aussi les feuilles. On plante très-peu avant, on borne bien, on paille et on tient à l'eau.

Depuis quinze ans, je me trouve très-bien de planter les artichauts à 1 mètre 35 ou 40 centimètres entre les rangs, et un à un à 40 ou 45 centimètres sur les rangs. Je trouve que c'est plus commode pour butter et couvrir, mais de cette manière comme de celle indiquée plus haut, il faut chaque année œilletonner en avril ; on le fait en déchaussant bien les artichauts, et ne laissant, selon la force du pied, que les deux, trois ou au plus quatre plus beaux œilletons ; tout le reste est enlevé en tirant dessus de la main gauche et passant en même temps une petite palette de bois entre l'œilleton et sa mère. On donne un bon labour tout en faisant cette opération, et ce sont les plus beaux de ces œilletons que l'on repique quand on en a besoin. Du reste, on fume, on bine et on mouille. Aussitôt le fruit récolté, on coupe les tiges au plus près du sol, et quand les gelées fortes sont à craindre, après avoir raccourci les feuilles à 50 centimètres environ, on butte en amoncelant tout autour la terre aux deux tiers de la hauteur des artichauts, et alors, quand on craint les grands froids, on couvre avec des feuilles, des balles de blé ou de la litière, et on a grand soin de découvrir toutes les fois que le temps le permet, autrement les artichauts s'étioleraient et pourriraient. Au commencement de mars, on enlève la couverture afin que la terre se ressuie pour qu'en avril l'œilletonnage et le labour qu'on fait en même temps se fassent mieux. La couverture qu'on enlève des artichauts sert à la fabrication des couches, à moins qu'on trouve convenable de l'enterrer en les labourant.

Navet.

On l'appelle rave dans plusieurs endroits, tandis que la rave proprement dite est un radis long.

Chaque pays a ses variétés de préférence qui sont plus ou moins bonnes, selon la nature du sol ; les terrains sains et sablonneux sont ceux qui conviennent le mieux aux navets. De ceux-ci, les plus délicats sont le navet de Freneuse et le navet des Vertus ; le navet de Meaux et le noir sont encore bons et réussissent presque partout, surtout le noir. La rabioule du Limousin est le navet qui convient le mieux de semer dans les champs pour les animaux ; on la sème du 15 juillet au 15 août, on sème très-clair et à la volée dans une terre plutôt binée que labourée ; ainsi, dans les champs, on donne un léger coup de herse, et dans le jardin un coup de fourche ou de râteau. Je me suis toujours bien trouvé, au lieu de labour et de hersage, de donner pour les semis du jardin un coup de ratissoire qui enterre convenablement la graine et détruit en même temps les mauvaises herbes.

Si on a semé trop dru, il faut ôter du plant pour espacer entre eux les navets de 25 à 30 centimètres.

Poireau.

Après le 15 septembre, on sème le poireau court, et comme on ne le repique pas, on sème assez clair pour que les plantes soient environ à 6 ou 7 centimètres les unes des autres.

En mars, le poireau court ou le poireau long se sèment et sont repiqués à 15 ou 16 centimètres, même terre et mêmes soins que pour l'oignon.

Betterave.

Celle de Castelnaudary est la meilleure pour la cuisine. La grosse champêtre et la jaune ronde ou jaune globe, me paraissent les meilleures pour les animaux. On sème depuis mars jusqu'en mai dans un terrain bien ameubli et fumé de l'année précédente, si on a pu, avec du fumier court.

Dans les jardins comme dans les champs, si on doit biner à la main, on peut semer en lignes distantes les unes des autres de 40 centimètres.

Si on bine à la houe à cheval après le premier binage à la main, il faut espacer les lignes de 70 centimètres ; mais, d'une manière comme de l'autre, on met les graines à 35 ou 40 centimètres sur les rangs. Pour faire mieux, le long d'un cordeau, on enfonce un peu avec le pouce une ou deux graines à chaque distance, et tout en allant, on passe le pied dessus, ce qui foule convenablement la terre. Dans les grandes exploitations, le semoir est très-commode.

Comme d'une seule graine il peut lever plusieurs plantes, il faut dédrussir, n'en laisser qu'une et repiquer en même temps dans les places ou la graine aurait manqué. Plusieurs cultivateurs distingués conseillent de semer en pépinière, pour ensuite repiquer le plant.

Avant que je fusse chez M. Moll, il me disait aussi qu'il préférait le repiquage, et, d'après ces messieurs, je crois bien qu'il y a des circonstances où ce moyen est bon ; mais comme j'ai toujours vu le semis sur place donner les meilleurs résultats, je suis en général pour cette dernière méthode. Encore à Lespinasse, tout le monde a vu que des betteraves que j'avais semées à demeure, quoique tard (en juin) et sans fumier, sont venues beaucoup plus belles que d'autres repiquées avant ce semis dans une terre fumée avec les soins les plus minutieux de binage et d'arrosement.

Dans les champs, avec un sol peu profond ou humide, il est bon d'amonceler à la charrue la terre en petits billons de 80 centimètres de largeur, sur le milieu desquels on fait une seule ligne, puis, au fond des raies, on sème très-clair des navets rabioules qui réussissent ordinairement bien. Cela n'empêche pas les binages qu'il faut, dans ce cas, faire à la main. Ces petits billons ne sont pas seulement convenables pour les betteraves, mais pour les choux, les haricots, et généralement pour les plantes sarclées. Seulement, quand il s'agit des plantes qui ne demandent que peu d'espace, on en met plusieurs lignes sur les billons.

Oseille.

L'oseille vierge est celle qu'il faut préférer ; on en fait des bordures en octobre ou au printemps, si on n'a pu planter plus tôt. On divise bien les vieux pieds en les éclatant, et on plante à 20 centimètres de distance.

Afin d'avoir toujours de belle oseille, il faut renouveler les plantations tous les quatre ou cinq ans ; la première cueille se fait en la coupant à 2 centimètres de terre, ensuite on cueille les feuilles une à une. Elles sont de cette manière toutes épluchées pour la cuisine.

Asperges.

La plus avantageuse est la grosse violette de Hollande. Il y a beaucoup de manières de planter les asperges, mais elles ne font que rarement bien dans des fosses profondes. Chez M. Longchampt, propriétaire près Melun (Seine-et-Marne), quoique sur un sol élevé et sablonneux, on en avait planté en contre-bas de 40 à 50 centimètres, dans des fosses d'un mètre remplies à moitié avec des platras, de bon fumier et de bonne terre, et deux années de suite le plant a été perdu par l'humidité. Entré alors au service de M. Longchampt, j'ai planté dans les mêmes fosses après les avoir presque entièrement remplies, et fait à chaque bout une petite rigolle ; j'ai eu le plus grand succès, et au bout de trois ans j'avais des asperges remarquables par leur grosseur. Voilà la manière la moins coûteuse et que je crois convenable au plus grand nombre de terrains : en automne, pour planter en avril, on choisit un des bons carrés du jardin, et sur toute la partie qu'on veut planter, on enlève 20 ou 25 centimètres de terre que l'on met en ados tout autour de l'aspergerie; ensuite on laboure en mettant à peu près autant de fumier consommé qu'on enlève de terre, puis on enfonce à 80 centimètres, en échiquier, de petits piquets de la grosseur d'un manche de balai, sortant du sol de 30 à 40 centimètres. Au pied de chaque piquet et toujours du même côté, on fait de petits monticules de terreau gros comme les deux poings, et en avril on y étale des griffes de deux ans, bien arrachées, bien choisies, on nettoie les racines mortes ou cassées; cela fait, on remet de la terre des ados, ou de la meilleure si on en a, jusqu'à ce que le plant soit couvert de deux ou trois centimètres, on mouille bien, et l'opération est faite.

Comme l'asperge ne vient bien qu'à force d'engrais, et qu'elle tend toujours à monter à la surface du sol, on fume tous les deux ans à la fin d'octobre, après avoir coupé les tiges qui sont en partie desséchées, et tous les deux ou trois ans aussi on rapporte 3 ou 4 centimètres de terre, en prenant d'abord celle des ados; on ne doit labourer ou biner les asperges que peu avant et avec des instruments à dents, afin de ménager les racines. Dans cette vue aussi, les petits piquets, qui durent quelques années, sont très-utiles dans la jeunesse du plant pour indiquer les griffes et les petites tiges qui, sans ce moyen, sont souvent perdues dans l'herbe et coupées ou retournées avec. Il faut biner souvent les asperges, et ne commencer à en cueillir qu'à la troisième ou mieux encore à la quatrième année.

Céleri.

Fin d'avril ou commencement de mai, on sème le céleri turc à une exposition un peu ombragée, sur un sol bien terreauté, on donne un coup de fourche ou de râteau, on piétine, on donne une mouillure, et s'il ne pleut pas, on bassine tous les jours ou tous les deux jours ; comme on sème toujours trop dru, à cause de la finesse de la graine, on dédrussit de manière que les petites plantes soient à 3 ou 4 centimètres l'une de l'autre. Lorsque le plant a 4 ou 5 centimètres de hauteur, après avoir rogné les feuilles et les racines, dans une bonne terre bien fumée, on trace des rayons au cordeau avec le dos du râteau, et on plante à 40 centimètres en échiquier. Jusqu'à l'automne, on doit souvent mouiller le céleri, et quand il est à sa grosseur, ou à peu près, pour le faire blanchir, on le lie à deux liens, puis on l'arrache et on le met à peu près aux deux tiers de sa hauteur dans du terreau de couche, de la terre légère, ou dans le sable à la cave, il ne faut pas oublier que le céleri gèle facilement et qu'il demande à être bien couvert, si on le laisse par la gelée dans le jardin.

Quand on a à sa disposition du terrain convenable, on a raison de faire du céleri rave, dont la racine, quelquefois grosse comme une bouteille, est excellente cuite, et la feuille très-bonne pour les animaux. Même culture que pour le précédent, excepté qu'au lieu de le faire blanchir on arrache et on coupe les feuilles qu'on donne aux animaux, puis on nettoie les pieds qu'on met dans le sable, à la cave, et il se mange jusqu'en avril.

Epinard.

L'épinard de Hollande se plante fin d'août dans une terre plutôt binée que labourée, on sème à la volée et de manière que les graines soient à peu près à 3 ou 4 centimètres, on donne un coup de fourche ou de râteau, on piétine

bien, on terreaute bien ou on paille légèrement, on mouille si le temps est sec, et on
esherbe quand il le faut. La première cueille se
fait en coupant les feuilles à 2 centimètres de
terre, et après, la meilleure manière est de les
cueillir une à une comme l'oseille.

Persil.

On en sème où on veut, en bordure, en
mars et avril, et pour l'hiver, on sème fin de
juillet le long d'un mur au midi; on bassine
tous les deux jours tant qu'il fait sec.

Cerfeuil.

Au printemps et à l'automne, on sème à
bonne exposition le long d'un mur; l'été, au
contraire, on en sème à l'ombre.

Radis.

Les radis viennent facilement semés au printemps et à l'automne, dans une terre chargée
de terreau que l'on herse à la fourche ou au
râteau et qu'on piétine fortement. Si on veut
en avoir l'été, il faut les mouiller plutôt deux
ou trois fois le jour qu'une et par le soleil, afin
de chasser le tiquet (altis bleu) qui quelquefois
dévore tout.

Le gros radis noir d'hiver est moins délicat pour le terrain ; on le sème en juin, et si on sème trop dru, il faut en ôter de manière qu'ils soient à 15 ou 20 centimètres l'un de l'autre. Quand il gèle, on rentre ces radis qu'on met dans du sable, à la cave, et on en a jusqu'en avril.

Potiron.

Si on veut avoir de beaux potirons, on sème le gros jaune fin d'avril dans de petits pots, en mettant deux graines dans chaque ; on plonge ces pots sur le bord d'une couche à melon, si on en a, ou bien au pied d'un mur au midi. Il faut couvrir de cloches ou au moins de paillassons pour les nuits froides. Quand le plant est levé, on n'en laisse qu'un par pot. En mai, lorsque les gelées ne sont plus à craindre, on les met en place, et pour cela, on fait des trous d'environ 1 mètre 30 centimètres de large, et profonds de 30 centimètres, et à 5 mètres l'un de l'autre. On remplit ces trous de fumier, on piétine bien, et on met dessus 15 à 18 centimètres de terre ; on pratique un bon bassin vers le milieu, on y plante un potiron qu'on dépose avec précaution et qu'on enterre jusqu'auprès

des cotylédons, ensuite on laboure les inter-
valles si la terre en a besoin, et on met partout
un paillis de 3 ou 4 centimètres. Il faut ombrer
avec des branchages ou autre chose, jusqu'à ce
que les plants soient repris. On ne laisse pousser que la principale tige que l'on couche en
terre à deux ou trois places à mesure qu'elle
pousse, pour lui faire prendre de nouvelles racines; et quand on a un fruit de la grosseur
d'un moyen melon, on supprime les autres et
on pince la tige à cinq ou six feuilles de ce
fruit; du reste il faut mouiller souvent.

Si on ne tient pas à la grosseur du fruit, on
laisse aller la plante sans y toucher, elle donne
alors plusieurs fruits dont on peut donner les
plus inférieurs aux animaux.

Le bonnet de Turc me paraît le meilleur des
potirons; il ne vient pas si gros que le précédent, mais on peut avoir trois ou quatre fruits
par pied.

Cornichon.

On le sème et on le cultive comme le potiron;
seulement des trous carrés de 50 centimètres,
espacés l'un de l'autre de 1 mètre, sont suffisants. On pince le plant au-dessus de la qua-

trième ou cinquième feuille pour faire ramifier, on étale bien les branches à mesure qu'elles se développent, on pince de temps en temps l'extrémité des plus vigoureuses, et on mouille tous les jours quand il fait sec.

Concombre.

Si on veut manger des concombres, on laisse grossir les fruits d'un ou plusieurs pieds dans les cornichons.

Culture du melon de bonne saison.

Après avoir vu ou lu les différentes cultures des jardiniers les plus recommandables, après avoir fait moi-même beaucoup d'essais comparatifs, voilà ce que je pratique depuis longtemps avec économie et succès :

Avec du fumier, de la mousse, des feuilles, de l'herbe, de la bruyère ou des ajoncs, employés séparément ou mélangés, on obtient de bons melons. — Au 15 avril, ou quelques jours plus tard, mais jamais plus tôt, dans une tranchée qu'on fait du nord au sud, de 80 centimètres ou mieux encore de 1 mètre de largeur, et d'un fer de bêche de profondeur, sur la longueur que l'on veut, on fait une couche avec une ou plusieurs des matières indiquées plus haut, que l'on mouille, si elles ne le sont pas, avant ou après avoir fait la couche.

On entasse le plus également possible, et si on emploie plusieurs matières, on les mélange bien ensemble.

On élève la couche en dos d'âne, au milieu elle doit excéder le niveau du sol de 50 centimètres; après avoir bien piétiné et bien nivelé, on charge la couche de 15 à 20 centimètres d'excellente terre, mélangée, selon qu'elle est légère ou forte, de demi ou tiers de bon terreau consommé, le tout bien brassé et nettoyé des pierres et des mottes; puis, avec un cordeau, sur le milieu on fait des trous de 18 à 20 centimètres de diamètre, et profonds de l'épaisseur de la terre qui couvre la couche, et à 1 mètre de distance les uns des autres de centre à centre; on remplit ces trous de terreau pur et bien ameubli, on fait au milieu un petit bassin de 4 à 5 centimètres de profondeur qui servira plus tard à semer les graines et à rehausser le plant que l'on met en place.

Quand la couche a jeté son grand feu, de six à dix jours après sa fabrication, ce qui se reconnaît si en y tenant la main une minute ou

deux on ne sent pas que la couche est sensiblement plus chaude que la main (25 à 30 degrés
Réaumur), on peut alors semer, en enfonçant la
pointe en bas, cinq à six graines que l'on en-
enterre tout au plus d'un centimètre et demi. On
couvre de cloche dont on a d'avance ombré in-
térieurement les deux tiers du haut, avec du
blanc d'Espagne, de la chaux ou de la marne
délayée; il faut que ce barbouillage, que l'on fait
avec un chiffon, soit sec avant de se servir de
cloches. Quand le plant commence à pousser ses
deux premières feuilles, non compris les cotylédons, on en choisit un des plus beaux, et,
autant que possible, que les deux feuilles se
trouvent à faire face une de chaque côté de la
couche, de manière que les branches qui pous-
seront dans l'aisselle de ces feuilles, se trouvent une à l'est et l'autre à l'ouest. Quand on a
choisi le plant le mieux placé, on supprime les
autres sans les arracher, on les coupe par le milieu avec les ongles ou un instrument tranchant;
cela fait, on rechausse le plant conservé en lui
poussant avec précaution du terreau jusqu'auprès
des cotylédons, ensuite on remet la cloche.

Quand, au lieu de semer, on a élevé du plant,
on le met en place quand il pousse ses deux

premières feuilles ; on fait des trous d'avance,
on enfonce les mains dans le terreau au-dessous
des racines du melon que l'on enlève en le tenant avec une motte de terreau, on le porte
ainsi dans le trou, et on l'enterre jusqu'auprès
des cotylédons ; on foule peu le terreau au pied,
on mouille et on ombre pendant quelques jours
en mettant un peu de litière autour de la cloche.
Si on a semé dans de petits pots, c'est plus facile pour porter et mettre en place.

Quand les jeunes plantes montrent leur quatrième feuille, toujours sans les cotylédons,
alors on coupe la tige un peu au-dessus des deux
premières feuilles, et on enlève les yeux qui se
trouvent dans l'aisselle des cotylédons, avec la
précaution de ne pas blesser la tige ni les cotylédons. Cela fait, on saupoudre les petites plaies
avec de la marne pulvérisée, du plâtre ou de la
cendre. Le but de cette opération est de faire
développer deux branches principales, comme
je l'ai dit plus haut, une à l'aisselle de chaque
feuille.

Lorsque la chaleur se fait sentir, que le soleil frappe sur les cloches, on donne de l'air en
les soulevant de 1 ou 2 centimètres du côté
opposé au vent, depuis 10 heures jusqu'à 3

heures ; plus la chaleur augmente, plus les plantes prennent de la force, plus aussi on donne de l'air, mais toujours il faut fermer la nuit et momentanément dans le jour par la pluie et le froid.

Jusqu'ici, il est rare que les melons aient besoin d'eau. Si cependant vous trouvez la terre sèche à 1 ou 2 centimètres, bassinez le matin, quand le soleil commence à darder sur les cloches, avec de l'eau à une température environ égale à celle de la couche ; il vaut mieux mouiller plus souvent et moins à la fois, crainte de tout gâter par un excès d'humidité. C'est ma coutume, je continue jusqu'à ce que les melons soient en fleur, alors je ne mouille à cette époque que s'ils souffrent trop de la sécheresse. Par ce moyen, les fruits arrêtent mieux ; mais une fois noués, par exemple, il faut mouiller afin de les faire grossir, et quand ils sont à peu près à leur grosseur, cessez complètement, ils auront plus de goût.

Revenons au développement de nos jeunes plantes.

Quand les branches ne peuvent plus tenir sous les cloches, on soulève celles-ci de 5 ou 6 centimètres sur des crémaillères ou des petites fourches en bois ; les branches sont dirigées une de chaque côté de la couche, et à mesure qu'elles atteignent leur huitième ou neuvième feuille, on les pince.

Dans ce moment on donne un labour à la couche, avec la précaution de ne pas endommager les racines qui suivent au moins la longueur des branches ; on remonte la terre en rechaussant le pied des melons, s'il est nécessaire. On laboure en sus une largeur de 80 centimètres de chaque côté de la couche, où l'on rapporte un peu de bonne terre répandue bien également partout, on met un paillis de 3 à 4 centimètres. Le pincement des branches principales fait développer sur elles de petites branches qui ne manquent pas de donner du fruit ; étalez-les, distribuez-les de peur que, se croisant entre elles ou avec celles des plantes voisines, il n'en résulte de la confusion. S'il arrivait qu'on ne pût pas bien placer toutes les branches, on pourrait en ôter quelques-unes, mais ce n'est qu'à la rigueur, et il faut ne le faire qu'avec une grande réserve.

Ceux qui tiennent à la grosseur des fruits en choisiront, lorsque la grosseur sera celle d'un œuf, deux bien faits et bien venants placés un de chaque côté, autant que possible; ils supprimeront tous les autres, et pinceront l'extrémité des branches à cinq ou 6 feuilles du fruit conservé. Après le pincement, les branches qui se développent au-dessus du fruit seront pincées à leur tour à deux ou trois feuilles.

Tient-on, au contraire, à la quantité plus qu'au volume? on laisse quatre, cinq et jusqu'à six melons par pied, mais toujours en pinçant comme il est dit plus haut.

A Lespinasse, une couche de 6 mètres de longueur, formée de bruyères, d'ajoncs et d'herbe, à peu près en parties égales, couverte de terre mêlée de terreau et paillée comme je l'indique, a donné vingt-quatre beaux fruits, dont sept d'environ 6 kilos, sept de 5 kilos, et dix de 2 kilos 1/2, tous très-bons encore; au lieu de cloches, je m'étais servi de papier huilé posé sur trois osiers courbés en demi-cercle et fichés dans la terre de la couche. Pour tenir le papier sur ces osiers, je mets une pierre de la grosseur du poing sur chaque corne; comme on le voit, rien n'est plus simple et moins coûteux.

Il est bon d'abriter les melons des mauvais vents, mais il ne faut pas les mettre tout près des grands murs, la chaleur est trop concentrée. Le melon que je préfère est le gros prescolet fond blanc; pourtant je n'ai jamais rien mangé d'aussi bon que le petit melon de Chypre, mais je le trouve trop petit.

En 1851, à Méruis, nous avons eu des prescotts de 15, 20 et 27 livres; ils étaient généralement très-bons, mais toujours les petits melons de Chypre ont quelque chose de mieux. Nous avons envoyé cette année à l'exposition de Grenoble un cantalou du poids de 15 kilos.

RÉCOLTE DES PRINCIPALES GRAINES POTAGÈRES.

Les graines de quelque sorte que ce soit, doivent être récoltées sur les individus les plus beaux et surtout les mieux faits. On les sèche bien, puis on les serre dans des sacs munis d'étiquettes indiquant l'espèce ou variété de l'année.

Les espèces suivantes : *betteraves, carottes, navets, panais, choux-raves, rutabaga, oignons, poireaux, céleris, radis noir*, etc., se choisissent à l'automne, se conservent dans du

sable ou de la terre sèche à la cave, et se re-
plantent au commencement de mars; on leur
met des tuteurs et on les y attache, sans quoi
le vent pourrait les briser.

Choux.

On garde les trognons des plus purs sur lesquels on récolte la bonne graine ; on ne plante
qu'une espèce chaque année, et on l'éloigne
de toutes les plantes de même famille, telles
que navet, rutabaga, etc. Il faut aussi attacher
des tuteurs.

Romaines et laitues.

Afin de ne pas les couper, on choisit et on
marque les plus belles qu'on laisse monter en
graine.

Potirons et melons.

Quand on en mange de bons et bien faits, on
en conserve la graine.

Concombres et cornichons.

On les laisse pourrir pour prendre les semences.

Mâches.

Les graines mûrissent petit à petit, on les

laisse toutes tomber, ensuite on les balaye, et comme il s'y trouve beaucoup de terre, on jette le tout dans un baquet d'eau ; on recueille la graine qui surnage, et on n'a plus ensuite qu'à la faire sécher.

Petits radis.

La graine s'obtient du dernier semis d'automne, qu'on laisse en place ; on couvre un peu les plantes quand il gèle fort. On peut aussi en obtenir du premier semis du printemps. Quand les semences sont en maturité, on arrache les plantes qu'on met pour quelque temps le long d'un mur au soleil et à la pluie, afin de les battre plus facilement.

Même moyen pour battre le radis noir.

Conservation des graines du chapitre précédent et de quelques autres.

Betteraves. . . . . 5 ans.
Carottes. 3
Choux, navets, choux-raves, ru-
    tabaga, etc. 6

Potirons, melons, concombres et
cornichons. . . . . 6 ans.
Oignons et poireaux. 3
Radis. 3
Laitues et romaines. 2
Scarolles et chicorées. 4
Mâches. 5
Panais. 1
Epinards.. 3
Céleri et persil. 4
Cerfeuil. 3

On pourrait garder ces graines plus longtemps que je ne l'indique, si on les mettait en bouteille avec de la terre bien sèche, dans un endroit sain, ou bien encore dans de petit sacs, en paquets, sous le linge d'une armoire.

ANIMAUX ET INSECTES NUISIBLES.

Beaucoup de procédés ont été inventés pour la destruction de ces animaux. La plupart, malheureusement, sont sans effet, même ridicules ; les seuls dont j'ai constaté l'efficacité, au milieu de tant d'autres que j'ai essayés, je les indique, laissant le reste comme n'ayant aucune valeur.

Taupes. — Les meilleurs piéges sont les pincettes dont les taupiers se servent dans beaucoup d'endroits. On cherche la terre la plus ferme, où la taupe a passé, et on pose un piége de chaque côté de sa galerie ; le long d'un mur est toujours un bon endroit. Je conseille de se faire montrer une fois, par une personne qui se connaisse bien à placer les piéges, et on en apprendra plus qu'avec tout ce qu'on a pu écrire là-dessus.

Loirs (ou pour mieux dire *lairot*). — Avec des piéges à rat, amorcés d'un peu de figue et d'un grain de raisin de caisse et posés sur les murs ou dans les arbres, on les prend jusqu'au dernier. Il faut placer les piéges au moment où les loirs commencent à entamer les fruits. A Mérieu, nous avons pris jusqu'au dernier par ce moyen.

Mulots et souris. — On emploie les quatre-de-chiffres et des pots enterrés à 3 ou 4 centimètres au-dessous du niveau du sol.

Rats. — Même manière que pour les loirs, en amorçant avec un peu de lard grillé.

Oiseaux. — Il ne faut tuer que ceux qui font du tort, et le meilleur moyen est le fusil. L'hiver, on peut en détruire beaucoup avec des appeaux mis à portée d'un endroit ou on puisse être masqué ; l'été, on en détruit encore par les nids, en tuant la mère dessus.

Courtillières. — J'ai essayé tout ce qui est connu pour combattre cet insecte, et j'en suis resté au moyen que voici, lequel est de mon invention, publié dans la *Revue Horticole* de 1845 : Ce moyen consiste à enterrer à 4 centimètres au-dessous du niveau du sol, des espèces de petites gouttières en zinc, ajustées bout à bout, pour entourer une planche ou un carré à chaque angle desquels on enfonce un pot sous ces gouttières. On en détruit encore beaucoup par les œufs et les petits, en donnant de fréquents binages au moment des nids. Dans les terres compactes, mettre de l'eau dans les trous et une goutte d'huile par dessus, est encore un bon moyen.

Tiquets (altise bleu). — Cet insecte dévore souvent les radis, les navets et les choux ; quand on n'a que peu de chose à défendre, on mouille deux ou trois fois le jour par le soleil ; la cendre jetée sur les feuilles mouillées, et l'ombre donnée aux plantes, sont de bonnes choses à faire.

Araignées. — Il y en a une espèce qui attaque beaucoup les jeunes plants de carotte et de céleri ; on mouille dans ce cas comme pour les tiquets.

Limaces, escargots. — On leur fait la chasse par un temps pluvieux, ou le matin à la rosée par un temps doux.

Guêpes et frelons. — Qnand ces insectes sont dans la terre, il est bien facile de les détruire ; on s'affuble pour n'être pas piqué, et avec un peu de terre délayée dans un seau d'eau qu'on jette dessus après avoir pioché pour les découvrir, on les enterre en boullant dessus avec un instrument comme font les maçons pour faire le mortier. Quand ce n'est pas dans la terre, on les brûle ou on les asphyxie avec une carte soufrée, mais on ne réussit pas toujours comme dans le premier cas.

Chenilles. — Il faut les chasser partout où il y en a, afin de s'opposer le plus possible à leur ravage. Il faut bien visiter les choux, et plusieurs fois quand ils sont attaqués.

NOTES DIVERSES.

—

Quelques couches de melons sont excellente chose, on se procure par là la jouissance d'un excellent fruit et souvent on peut en vendre avec avantage. Ces matières qu'on emploie font une sorte de compost qui gagne en vieillissant. La partie la plus consommée sert à terreauter les semis, et le reste à faire des paillis. Les maraîchers de Paris, qui font beaucoup de couches, n'ont d'autre manière de fumer que le terreautage et le paillis, chacun sait s'ils y perdent ; il est vrai de dire que leurs couches sont de fumier pur.

Loin de laisser perdre les bruyères, les ajoncs, les mousses, les feuilles, etc., formez-en des couches réunies en massifs. Placez ces massifs chaque année les uns auprès des autres, de manière à passer ainsi par tout le jardin ; la récolte des melons terminée, faites sur ces couches des légumes (la plupart y viennent merveilleusement), prenez sur les couches de l'année précédente le terreau qu'il vous faut pour mêler à la terre destinée à couvrir les dernières couches. C'est de la tranchée ouverte pour celles-ci qu'il faut prendre la terre à mélanger ; tout ce qui en restera, vous le porterez sur les anciennes couches, afin de remplacer le terreau que vous y avez pris.

Avec ces couches, vous ameublissez, vous rendez fertiles des terres compactes, improductives ; une terre brûlante, sans profondeur, vous la changez ainsi du tout au tout. C'est par cet expédient qu'à Lespinasse, chez M. Moll, nous avons eu, en automne, de belles salades, quand partout ailleurs elles ne réussissaient pas. Les gens de ce pays plantent leurs vignes en mettant d'abord un peu de terre sur les racines, puis une couche de 25 à 30 centimètres de bruyère, puis encore de la terre, et leur plantation réussit au mieux et dure longtemps. Que l'on essaie de cette méthode dans les autres contrées à vignoble où il y a des bruyères, des buis, des gazons, etc., et on en sera satisfait.

Les maraîchers de Paris, avec les soins et le fumier, récoltent énormément dans peu de terrain ; c'est peut-être ce qui a fait dire : « plus on a de potagers, moins on a de légumes » ; un bon jardinier manque plus souvent de fumier que de terrain. Si , comme on l'a pu voir en commençant cet ouvrage , j'attache beaucoup d'importance aux outils bien confectionnés , je n'en attache pas moins aux soins qu'il faut en prendre , et me suis toujours bien trouvé d'observer cette maxime : « une place pour chaque chose, et chaque chose à sa place.»

Plutôt que de gâter un instant des arbres auxquels il faudra , pendant plusieurs années , les soins d'un bon jardinier pour les remettre , prenez de suite un homme habile , vous y gagnerez toujours.

Un mauvais terrain n'est jamais si ingrat qu'il ne puisse y pousser des pins maritimes , nous serions donc en faute de négliger une pareille ressource, d'autant plus que les frais de culture sont les plus petits. A l'automne , piochez la terre grossièrement (les monticules et les cavités sont même utiles); à la mi-avril , semez à la volée , en espaçant les graines entre elles de 50 centimètres environ , mêlez, si vous voulez, un tiers ou un quart de pins sylvestres, semez en outre de suite un peu d'avoine qu'on espacera guère moins , et c'est tout. L'avoine que l'on ne coupe pas sert à abriter le plant du soleil de l'été et des froids de l'hiver.

Dans les clairières d'un bois, on peut très-bien regarnir en faisant, à un mètre les uns des autres, des potelets plus ou moins larges dans lesquels on met quelques graines recouvertes ensuite légèrement ; on en a fait à Lespinasse de ce genre, et le plant a bien réussi. Dans les bois, l'herbe abritant ordinairement bien le semis, l'avoine n'est plus nécessaire.

TRAVAUX DE CHAQUE MOIS DE L'ANNÉE.

JANVIER.

On continue ou on commence les plantations d'arbres, on taille les vieux poiriers et pommiers le long des murs, on prépare les boutures d'arbres qu'on veut planter, celles en plançon de saule et de peuplier peuvent être plantées de suite ; on met les autres en terre à l'abri des froids pour les planter au printemps, on continue les labours et les défoncements si on en a à faire, on conduit le fumier au jardin, on découvre les artichauts quand le temps le permet, on les recouvre dès qu'on craint la gelée ; on peut aussi faire provision de matières à couches

(feuilles , bruyères , ajoncs , etc.) : enfin on s'occupe des outils et on se pourvoira des graines dont on pourrait manquer.

FÉVRIER.

Semer pois-michauts de Hollande à bonne exposition , planter des pommes de terre marjolin en les couvrant de feuilles ou mieux de balles de blé, semer cerfeuil, aussi à bonne exposition , fèves , oignons , carotte hâtive , panais , laitue gotte à graine noire (fin du mois), choux pommés et de Milan.

Planter en bordures.

Oseille , ciboule vivace , ciboulette , thym , ail et échalotte.

On continue les travaux du mois précédent, labours, défoncements, taille de vieux poiriers, on donne de l'air aux artichauts toutes les fois qu'il est possible , on taille la vigne , on coupe des greffes en fente si on ne l'a déjà fait , et on les enterre le long d'un mur , au nord , en attendant le moment de la greffe.

MARS.

Semer pois de Marly, mange-tout d'Auvergne, ridés , verts-nains , etc., fèves , romaines , aitues, cerfeuil, persil, oignons, poireaux-longs, carottes, la longue et la demi longue, et pour les animaux celle à collet vert ; choux pommés ou de Milan, si on en a besoin, petits radis.

Planter encore la pomme de terre hâtive marjolin, qu'on recouvre d'un peu de litière.

Planter pour graines oignon, carotte, panais, poireaux, céleri, etc. Si on avait encore des plantations d'arbre à faire, on les terminerait : on termine aussi la taille des arbres, excepté ceux qui sont trop vigoureux, qu'on ne taille que quand ils commencent à entrer en sève. On laboure et on paille le pied des arbres, on plante les boutures préparées d'avance à l'automne. Vers le 20 du mois, on découvre et on débutte les artichauts, on termine les labours et on fait les bordures si on n'a pu les faire plus tôt. Il est très-important de terreauter ou pailler tous les semis.

AVRIL.

Semer carottes, pois, les mêmes du mois précédent, persil, betteraves, choux de Milan, laitues et romaines, cerfeuil, céleri turc et raves (fin du mois), haricots flageolet et à bonne exposition, fèves, concombre, cornichons et

9

potirons sur couche, petits radis, melons (vers le 15 ou à la fin du mois).

Enfin on sème et plante toutes sortes de légumes dans ce mois, on sarcle et on dédrussit, s'ils en ont besoin, les semis précédents, on laboure, on fume et on œilletonne les artichauts, on plante les plus beaux œilletons; en cas de besoin on plante les asperges. Les arrosements se font le matin ou dans la journée et non le soir, à cause des nuits encore froides. Sur les arbres, et surtout sur les pêchers, on ôte, à œil poussant, tout ce qui est nuisible ou mal placé, c'est aussi le moment de les abriter avec des toiles ou des paillassons. On greffe en fente quand les sujets commencent à pousser leurs feuilles, on chasse soigneusement les chenilles et on termine les labours si on n'avait pas pu le faire plus tôt.

MAI.

Semer encore betteraves, carottes (les mêmes du mois précédent), céleri turc et rave, si on ne l'a pas déjà semé, pois, romaines, laitues, cerfeuil à l'ombre, choux de Milan, choux-rave, rutabagas, choux navet, etc., concombre et cornichons (semer en place si on n'a pas de plants sur couche, potirons, planter haricots (la grande plantation pour manger en sec).

Dans ce mois, le jardin doit être bien garni partout, il faut continuer de visiter souvent les arbres à fruits, et principalement les pêchers, et faire ce qui est indiqué pendant la végétation ; quand la romaine est à sa grosseur, on en lie pour la faire blanchir.

JUIN.

Semer choux de Milan, choux raves, choux navets, rutabagas, chicorée, scarolles, laitues et romaines, pois de Clamart, carotte, radis noir, petits radis, navets hâtifs (un peu), haricots flageolet, cerfeuil à l'ombre.

On a soin que les légumes soient dans un bon état de végétation ; dans ce but, on ne néglige pas les mouillures et les binages, on donne toujours aux arbres les soins qu'ils demandent. Si on a des églantiers, on les greffe à œil poussant, si on a quelque raison pour cela, on peut aussi y greffer des arbres, quoique l'œil dormant soit préférable ; on continue de lier les romaines pour les faire blanchir.

JUILLET.

Semer haricots flageolet pour manger en vert,

pois de Clamart, radis noir, navets de Meaux, navets noirs et navets des Vertus, rabioule pour les animaux, salades (toutes sortes), persil (fin du mois, à bonne exposition, pour en avoir l'hiver), cerfeuil à l'ombre, choux raves, rutabagas, choux navets.

On récolte les graines à mesure qu'elles mûrissent, on visite toujours les arbres pour maintenir l'équilibre dans toutes les parties, on découvre un peu les fruits qui sont près de leur maturité et qui se trouvent trop ombragés.

AOUT.

Semer épinards, navets (les mêmes du mois précédent), cerfeuil, mâches (la ronde);

Pour l'année suivante, oignons blancs et de Niort, laitues d'hiver (fin du mois) romaine d'hiver.

A la fin du mois, semer aussi choux d'Yorck et pain de sucre; on refait les bordures d'oseille, de thym, de ciboule vivace, ciboulette, etc. ; on coupe ou on casse près de terre les tiges d'artichauts à mesure qu'elles cessent de donner. C'est le moment de finir les palissages, on découvre modérément les fruits pour qu'ils se colorent et prennent plus de saveur, on greffe à œil dormant, on bassine souvent les cornichons et on mouille copieusement le céleri; l'échalotte et l'ail se rentrent quand ils sont mûrs, à la fin de ce mois ou dans l'autre par un temps sec.

SEPTEMBRE.

Semer choux pomme, poireaux courts pour rester en place, choux d'Yorck, laitues de la Passion, romaines d'hiver, petits radis.

On fait blanchir le céleri, la chicorée et la scarolle comme il est indiqué à leurs articles ; on greffe à œil dormant les sujets qui étaient trop vigoureux pour être greffés plus tôt, on visite encore les arbres pour leur faire quelques attaches au besoin. A la fin de ce mois ou plutôt dans le suivant, l'oignon mûrit, alors on le rentre par un beau temps après l'avoir laissé ressuyer ; on rentre les pommes de terre si elles sont mûres, mais le plus tôt possible, à cause de la maladie, on rentre aussi l'oignon par un temps sec, s'il est déjà mûr.

OCTOBRE.

On fait les bordures d'oseille, thym, ciboules, ciboulettes, etc., on repique et on met en place les choux des semis qu'on a fait dernièrement, on plante de la laitue de la Passion et de la romaine d'hiver à bonne exposition; à la fin du mois, on coupe les tiges d'asperges, on les laboure et les fume, on rogne aux artichauts les feuilles qui traînent à terre et on les bine ou laboure pour les butter plus facilement. Par un beau temps, on cueille les fruits, avec la précaution de ne pas les flétrir, ce qui les ferait gâter; on les pose quelques jours dans un endroit sec et aéré, puis on les range dans le fruitier. On continue de faire blanchir du céleri, de la scarolle et de la chicorée; on commence, s'il reste du temps, les labours et défoncements qu'on aurait à faire, on arrache les pommes de terre si elles ne le sont pas déjà; s'il s'en trouvait d'attaquées, on aurait grand soin de les trier en arrachant. On rentre l'oignon par un beau temps, si on n'a pu le faire dans le mois précédent.

NOVEMBRE.

Semer pois michaut de Reuille, il est encore temps de repiquer et mettre en place les choux précédemment semés, on plante encore aussi de la romaine, de la laitue d'hiver, on butte les artichauts après avoir coupé les tiges et les feuilles comme il est indiqué. Si la gelée me-

nace, on arrache la chicorée, la scarolle, le céleri, les navets, les carottes, les betteraves,
les radis noirs, les rutabagas, les choux raves,
les choux navets, etc., que l'on porte dans le
cellier ou la serre à légumes.

On enjauge près à près les choux qui ont fait
leurs pommes, on leur tourne la tête au nord et
on les couvre bien de litière quand il gèle fort;
il faut couvrir de même les artichauts, de préférence avec des feuilles, et découvrir toutes
les fois que le temps le permet. Si on a laissé
de la chicorée ou de la scarolle dans le jardin,
on les couvre et découvre de même; on peut
commencer à tailler le long des murs, surtout
les vieux poiriers et pommiers et ceux qui manquent de vigueur.

DÉCEMBRE.

Semer pois michaut de Reuille, si on ne l'a
pas fait en novembre; s'il gèle fort, on couvre
l'oignon de feuilles ou de foin, mais on se garde
bien de le remuer quand il gèle. Quand il ne
fait pas trop froid, on taille les poiriers et les
pommiers, et de préférence ceux qui sont abri-
tés par les murs; on peut arracher et planter
toutes sortes d'arbres, excepté pourtant les ré-

sineux, qu'on ne plante que lorsqu'ils commencent à pousser ; du reste, c'est le moment du défoncement et des gros labours, on conduit du fumier où il en faut, on démolit les vieilles couches et on sépare les matières pourries de celles qui ne le sont pas ; les unes servent pour terreauter et les autres pour pailler, on visite ses graines et on se procure celles dont on pourrait manquer.

DES

OUTILS ET INSTRUMENTS

nécessaires aux

TRAVAUX DE JARDINAGE,

ET DE LA MANIÈRE DONT ILS DOIVENT ÊTRE CONFEC-

TIONNÉS.

Il est très important qu'un outil soit bien fait et bien approprié à l'usage auquel on le destine, autrement, avec plus de peine, on fait moins vite et moins bien.

Il faut au jardinier au moins une bêche, deux binettes (une grosse et une petite), un traçoir, un hoyau, une ratissoire, un râteau et une fourche à fumier, une paire d'arrosoirs, un cordeau, une brouette, un croissant, une scie à main, deux serpettes, une grosse et une petite, un sécateur, un greffoir et un plantoir.

De la Bêche.

Le fer de la bêche doit avoir au moins 28 centimètres de haut, sans la douille, 21 centimètres de large à la partie supérieure et 15 centimètres à la partie inférieure, qui est un peu courbée. Le manche, en frêne tourné, doit avoir de long un mètre ou quelque peu moins, suivant la taille de l'ouvrier.

La douille peut être plate avec deux rivets, ou ronde sans rivets.

Certaines bêches sont en forme de gouge, je ne les ai jamais trouvées commodes, il faut qu'une bêche soit recourbée, mais d'une manière peu sensible.

Le poids d'une bêche emmanchée ne dépassera pas 2 kilos 400 grammes dans les terres fortes ; une fourche à trois dents plates est le meilleur instrument pour labourer.

Des Binettes.

Les dimensions de la grosse seront celles-ci : de la base de la lame à l'extrémité des dents, 52 centimètres, la lame aura 13 centimètres de largeur à sa base, et ira toujours en diminuant et en s'arrondissant jusqu'a la douille ; du côté des dents, qui sont plates, il y a un petit col.

Le manche sera bien droit, il aura 85 centimètres de longueur, et l'outil entier ne devra peser que 3 kilos 100 grammes.

Rien ne vaut cet outil pour biner au pied des arbres, les vignes, les choux, les artichauts, etc., de même que pour biner et arracher les pommes de terre.

La petite binette ressemble à la précédente, les dents seules diffèrent, elles doivent être à quatre angles, le manche en est plus long et le poids du tout trois fois moindre.

Du Traçoir.

Le traçoir a la même forme que la petite binette, excepté que les deux dents sont remplacées par un pic.

On s'en sert pour ouvrir des rayons, semer en lignes et faire au besoin de petits binages.

Du Hoyau.

Le hoyau sera très-léger, il aura 15 centimètres de largeur et un manche de 1 mètre 30 centimètres, il sert à planter en potelets.

De la Ratissoire.

Dans un petit jardin, une ratissoire en lame de faux est suffisante, mais pour peu que le jardin soit étendu et les allées sablées, on aura beaucoup d'avantage à employer la petite charrue à bras, avec laquelle un homme fait autant d'ouvrage que six ou huit hommes armés de ratissoires.

Du Râteau.

Aux personnes peu pratiques du jardinage et qui ne savent pas herser les petits semis à la fourche, je conseille l'emploi d'un râteau en dents de fer rondes, fortes et écartées entre elles de 5 centimètres, dont le fût, de 45 centimètres de longueur, sera bien dressé sur le dos, afin de pouvoir tracer des lignes pour les petites plantations comme salade, oseille, etc.

De la Fourche.

La fourche sera un peu courbe, légère, avec

un manche en frêne tourné, elle pèsera environ
1 kilo 750 grammes.

Des Arrosoirs.

De tous les modèles que j'ai vus, c'est celui
dont je donne la figure que je préfère, j'ai trouvé cet arrosoir dans les jardins de M. Boissard,
pépiniériste à Chatellerault, qui en devait l'idée
à M. Leroy, d'Angers ; j'en ai fait fabriquer par
M. Brunet, ferblantier à Morestel ; ils sont très-
bien faits, ils sont en ferblanc et zinc et coûtent
15 francs la paire. *(Voir la figure en regard du
titre.)*

Brouettes.

Pour qu'une brouette soit convenable, il faut
qu'elle soit légèrement construite, forte, et que
la charge porte le plus possible sur la roue.

Sécateurs.

Les meilleurs que je connaisse sont ceux de
la maison Arnheiter, faubourg Saint-Germain,
à Paris. M. Baudet, serrurier à Groslé, m'en a
aussi fait qui fonctionnent très bien.

Scie à main.

Elle ne devra jamais être prise qu'à l'essai.

Serpettes et Greffoirs.

On en trouve partout d'assez bons.

Plantoirs.

Il est très-connu : c'est un morceau de bois de 4 centimètres d'épaisseur, long de 23 environ, terminé en pointe par en bas et en bec de corbin par en haut.

Nota. — Nos bêches, binettes, ratissoires, etc., viennent de chez M. Thomas, taillandier, rue Saint-Liesne, à Melun (Seine et Marne), et sont les meilleures que j'aie employées. Les ouvriers, à Lespinasse, les préfèrent aux outils du Poitou, et plusieurs personnes, qui m'avaient prié de leur en faire venir, en ont été satisfaites; à Meyrieu il en est de même. Le transport ajoute peu à leurs prix; du reste, on en trouve chez les MM. Jacquemet, Bonnefond, marchands grainiers à Lyon, et M. Baudet, serrurier mécanicien à Groslé (Ain), se charge d'en fournir à juste prix et bien confectionnés.

10

VOCABULAIRE

EXPLICATIF

DE QUELQUES TERMES QUI PEUVENT AVOIR BESOIN D'INTERPRÉTATION.

A.

AISSELLE. Intérieur de l'angle formé par une feuille avec un rameau, un rameau avec une branche, ou une branche avec une tige.

ARBUSTE. Rosier romarin, etc. Plante plus petite que l'arbrisseau.

ANNUEL. Qui germe, fleurit, porte graine et meurt dans le courant de l'année.

AOUTÉ. Assez mûr pour résister à l'hiver.

AUBIER. Les couches les plus extérieures du bois dans les arbres.

B.

BASSINER. Arroser en pluie fine.

BILLON. Petite planche bombée.

BINAGE. Action de biner.

BINER. Donner un petit labour avec une binette ou une bêche. Cette opération a pour but de détruire les mauvaises herbes et empêcher la terre de durcir.

BORNER. Rapprocher la terre près des racines en plantant au plantoir.

BOURGEON. Premier état que prend le bouton à bois en continuant de végéter.

BOURSES. Renflements accompagnés de boutons à fruits.

BOUTONS. Yeux placés ordinairement dans l'aisselle des feuilles ou au bout des rameaux.

BOUTURES. Branches détachées d'un arbre, d'un arbuste, etc., et que l'on replante pour la reproduction.

BRINDILLES. Branches à fruits minces et courtes.

BUISSON. Taille en buisson, forme touffue.

BROCHE. Sarment sur la vigne après la taille.

BUTTER. Amonceler de la terre au pied d'une plante.

C.

CAÏEUX. Petit oignon que produit une racine bulbeuse tels qu'ail, échalotte, etc.

COTYLÉDON. Les haricots, les melons, en sortant de terre, présentent deux cotylédons.

COLLET. Point où la tige se sépare de la racine.

CHEVELU. Racine menue comme des cheveux.

COURSONS. Empâtements sur les cordons et les ceps sur lesquels sont les sarments.

CORDON. Tige de vigne conduite horizontalement.

CONTRE-ESPALIER. Arbre ou vigne sur des treillages plus ou moins éloignés du mur.

CHARPENTE. Ensemble des branches qui donnent à l'arbre la forme qu'on lui a assignée.

D.

DARDS. Petites branches à fruits de 2 à 8 centimètres.

E.

EMPATEMENTS. Base de la branche ou du rameau.

ENJAUGER. Mettre en jauge des arbres pour attendre qu'on les plante, des choux pommés à l'automne pour passer l'hiver.

ETIOLÉ. Etat des plantes qui, faute de lumière, s'effilent, jaunissent et blanchissent.

EBOURGEONNER. Supprimer les bourgeons.

F.

FLÈCHE. Rameau qui termine la tige.

J.

JAUGE. Quand on laboure, espace entre l'ouvrage fait et l'ouvrage à faire.

L.

LATÉRAL. Branches latérales, portées immédiatement sur la tige.

LIBER. Partie de l'écorce qui touche immédiatement au bois.

O.

OEilletons. Rejetons d'artichauts.

OEil. Bouton à bois ou à fruit à sa naissance ; on dit indistinctement œil ou bouton, mais plus ordinairement œil à bois, bouton à fruit.

P.

Pétiole. Support de la feuille (queue).

Pincer. Couper avec les ongles l'extrémité des plantes ou des jeunes rameaux.

Rabattre ou Ravaler. Couper les branches d'un arbre pour forcer le liber à en repousser de nouvelles.

Rameau. Bourgeon aoûté et terminé par un œil de pousse.

S.

Sauvageon. Arbre à fruit provenant de pépins ou de noyaux de fruits sauvages.

Sujet. Arbre destiné ou soumis à la greffe.

T.

Termimal. Qui termine la tige ou le rameau.

V.

Vivace. Qui dure plusieurs années.

TABLE

des

ARTICLES CONTENUS DANS CE VOLUME.

A.

B.

C.

H.

P.

R.

S.

T.

V.

FIN.

9 782329 219837